これで差がつく

SOLID WORKS

モデリング実践テクニック

楠拓朗
りびぃ
著

日刊工業新聞社

まえがき

昨今の日本では「DX・デジタル化」というスローガンとともに、設計で使用するツールが2DCADから3DCADへと少しずつシフトしていっています。というのも3Dデータを扱うことで、単に設計ツールとして効率化されるだけではなく、

- 顧客への技術説明資料
- 3Dプリンタでの部品製造[1]
- BOMやPDMとの連携[2]
- PC上でのロボット・PLCのシミュレーション[3][4]

など、あらゆる工程業務効率が飛躍的に向上することが期待されているからです。

その中でSOLIDWORKSは世界トップクラスのシェアを誇る3DCAD[5]です。一般消費者向け製品の設計開発ではもちろん、生産設備の設計開発に至るまで幅広く使われています。

SOLIDWORKSの優れた点として、他のCADと比較して直感的でわかりやすいコマンド配置や操作性が挙げられます。これにより3DCAD初心者であったとしても、基礎レベルであれば比較的短期間で操作をマスターすることが可能です。またSOLIDWORKSは世界中で普及している3DCADであることから、操作方法や動作不良のトラブルシューティングに関する情報が、インターネットや書籍などから容易に入手可能です。さらには、機械工学系学科の授業でSOLIDWORKSを使用している大学もあり、私が大学生であった2010年ごろにはSOLIDWORKSを使ったモデル作成が必修科目になっていました。そのため現在の20～30代には、設計自体は未経験だったとしても3DCADの基本操作はできるという人は多いです。

ところが、実際の設計現場では、いざSOLIDWORKSを導入してみたものの、3DCADの利点を最大限に活かしきれないという声も少なくありません。設計者

の中には「3DCADなんて使いにくい」「結局2Dのほうが楽だった」と発言されるかたまでいます。どうしてこのようなことが起こっているのでしょうか？

● ヒストリー系CADを理解することの重要性

SOLIDWORKSは「ヒストリー系CAD」と呼ばれるものの一種で、このヒストリー系CADの特徴を理解することがSOLIDWORKSを使いこなすうえできわめて重要です。ここでいう「ヒストリー」とは「モデリングの履歴」のことを意味しています。たとえば簡単なシャフトの3Dモデルを作るにしても、

- **一つのフィーチャーで作成するか、あるいは複数のフィーチャーを組み合わせて作成するか**
- **フィーチャー作成時にどのような親子関係を設定するのか**
- **スケッチを作成する際、どの面に対して、何を基準として線を描くか**

などといった内容一つ一つを履歴として保存しています。そのため、一見同じような部品形状であっても、ヒストリーの内容が違えばまったくの別物だと言っても過言ではありませんし、そのヒストリーの内容次第でヒストリー系CADが上手く使いこなせるかどうかが左右されるのです。

ではなぜ、このような複雑な仕様・ルールを覚えてまでSOLIDWORKSを使用することが重要なのでしょうか？　それは使いこなすことによって大きなメリットを享受できるからです。

● ヒストリー系CADのメリット

1つ目は「**履歴の有効・無効の切り替えができる**」という点です。この機能はSOLIDWORKSでいう「抑制」や「コンフィギュレーション」に相当します。詳しくは本編で紹介しますが、この機能を使いこなすことによって、機構の動作確認やライブラリの作成などを簡単に行えます。

2つ目は「**モデル修正が効率的にできる**」という点です。実際の設計現場において、3DCADで作成したモデルは最終形状になるまでの間に何度も修正が加わることが一般的です。その際にヒストリー系CADでは、親子関係をうまく考慮

しながらモデル作成しておくことによって、モデルの修正作業を短時間で完了させることができます。

3つ目は「**設計意図を共有しやすい**」という点です。皆さんの周り、あるいは皆さんのなかで「CADの操作はできるけれど設計ができない」というかたはいませんか？　設計をするには、その機械や部品に要求されていることを理解し、それを踏まえてアイデアを考え、モデルとして具現化する必要があります。しかし、その過程については、わかりやすい形で資料として残されていることがほとんどありません。それに対してヒストリー系CADでは設計の過程が履歴として残るため、設計意図を関係者や職場の後輩などと共有しやすくなるのです。

● 実務に役立つテクニックを身に着けよう

SOLIDWORKSなどのヒストリー系CADには大きなメリットがある一方、私がよく聞くのは「ちょっとモデル修正をするはずが、エラーが多発して収拾がつかなくなった」「ファイルが重くて動かない」などのトラブル事例が多いです。

しかしその一方で、そのようなトラブルを未然に防ぐテクニック、トラブルが発生した際の対策テクニック、設計業務を効率よく進めるためのテクニックについては情報がほとんど普及していないように思えます。

そこで本書では、私のこれまでの設計経験をもとに、設計実務でSOLIDWORKSを使いこなせるようになるためのテクニックやノウハウについてわかりやすく解説しています。基礎やチュートリアルのような内容よりも、設計実務に則した内容を重視した本となっておりますので、脱初心者・中級者レベル以上を目指す方々の一助となれば幸いです。

なお、本書ではSOLIDWORKS2022 Professionalを使って説明します。皆さんがお使いのSOLIDWORKSのバージョンと画面や仕様が一部異なる可能性があることをご承知おきください。また、本書では2D図面の操作・テクニックについては紹介しませんことを、ご了承ください。

楠拓朗（りびぃ）　2024年11月

これで差がつく SOLIDWORKS
モデリング実践テクニック

目　次

第1章
基本操作・基本設定のテクニック

第2章
スケッチ作成のテクニック

第3章
フィーチャー作成のテクニック

第4章 アセンブリ作成のテクニック

第5章 事例で見るSOLIDWORKSでの設計手順

コラム

● SOLIDWORKSの画面構成と本書で用いる用語

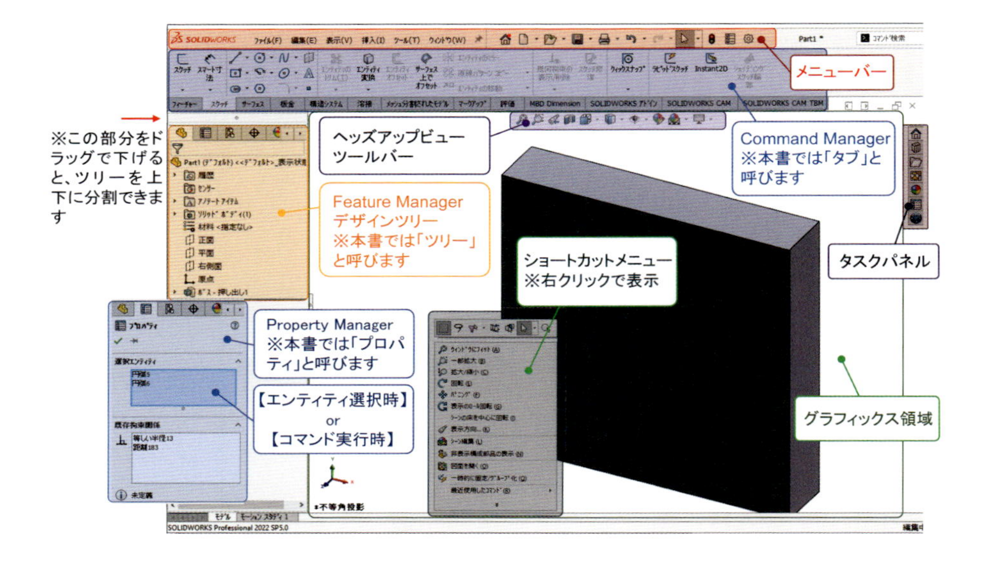

基本操作・基本設定のテクニック

SOLIDWORKS

1-1 基本操作をマスターしよう

SOLIDWORKSを使い始めてまず覚えるべきは基本操作です。特にマウスやキーボードで実行する類の基本操作はスケッチ作成時、パーツファイル操作時、アセンブリ時のそれぞれで、高頻度で使用することになります。

SOLIDWORKSのヘルプにも記載はありますが、次ページにてその中から実務でよく使うものを厳選して表でまとめています。SOLIDWORKSユーザのほぼ全員が習得するべき内容ばかりです。ぜひマスターしていきましょう。

● ヘッズアップビューツールバーでよく使うコマンド

ヘッズアップビューツールバーの中にも、あらゆる場面でよく使うコマンドがあります。

なかでも以下のものは使用頻度が高いコマンドです。

アイコン	コマンド	役割
	【断面表示】	ボディや構成部品の断面を表示する
>	ボディや構成部品の面を選択した状態で【表示方向】>【選択アイテムに垂直】	選択した面が正面に来るような視点にする
>	【表示スタイル】>【エッジシェイディング表示】	ボディや構成部品を色とエッジ付きで表示する
>	【表示スタイル】>【ワイヤフレーム】	ボディや構成部品をワイヤフレームで表示する
	【表示オン/オフ】	平面やスケッチなど必要に応じてオン/オフにする

もしヘッズアップビューツールバーが表示されていないという方は、メニューバーから「表示 > ツールバー > 表示（ヘッズアップ）」を順にクリックすれば表示できます。

表1.1.1 使用頻度の高いマウス・キーボード操作

分類	操作	内容
視点操作	【ホイール】ドラッグ	視点の回転
	【Ctrl】+【ホイール】ドラッグ	視点の平行移動
	【ホイール】上下	拡大・縮小（システム設定で反転可能）
	【Alt】+【ホイール】ドラッグ	視線に垂直な平面上で回転
	【F】	画面にフィット
	【Space】	ビューセレクタの起動
	【矢印キー】	15°ずつ視点の回転（設定で回転ピッチの変更可能）
	【Alt】+【矢印キー】	15°ずつ視線に垂直な平面上で回転（設定で回転ピッチの変更可能）
表示	ボディ・構成部品などの上で【Tab】	ボディ・構成部品などの非表示
	非表示になっているボディ・構成部品などの上で【Shift】+【Tab】	ボディ・構成部品などの表示
	【Ctrl】+【Shift】+【Tab】押しっぱなし	非表示になっているフィーチャー・構成部品などを一時的に半透明で表示。その後クリックで表示
選択	左から右へ向かって【左クリック】ドラッグ	選択範囲の枠に完全に入っているエンティティを選択（システム設定でボックス選択/自由選択の切替可能）
	右から左へ向かって【左クリック】ドラッグ	選択範囲の枠に一部でも入っているエンティティを選択（システム設定でボックス選択/自由選択の切替可能）
	エンティティ上で【Ctrl】+【左クリック】	エンティティの複数選択。選択済みのエンティティ上で行うと選択解除
	半透明に設定したエンティティ上で【Shift】+【左クリック】	半透明にしたエンティティを選択
	エンティティ選択後【Esc】	選択済みのエンティティを全解除
アセンブリ	構成部品の挿入時に【Tab】	構成部品を90°回転
	構成部品の挿入時に【Shift】+【Tab】	構成部品を-90°回転
	構成部品上で【左クリック】ドラッグ	構成部品を移動（固定や合致を設定している部分は回転しない）
	構成部品上で【右クリック】ドラッグ	構成部品を回転（固定や合致を設定している部分は回転しない）
合致（アセンブリファイル中）	構成部品上で【Alt】+【ドラッグ】し、別の構成部品上へ	スマート合致
	構成部品上で【Ctrl】+【Alt】+【ドラッグ】し、別の構成部品上へ	構成部品をコピーし、スマート合致
	合致コマンド実行中に構成部品の面上で【Alt】	面を一時的に非表示
	合致コマンド実行中に構成部品の面上で【Shift】+【Alt】	一時的に非表示になっている面を表示
	合致コマンド実行中に【Ctrl】+【Shift】+【Alt】押しっぱなし	押している間、一時的に非表示になっている面を全て表示
その他	【Enter】	最後に実行したコマンドを再実行
	【Ctrl】+【Tab】	ウィンドウの切り替え
	グラフィックス領域の何もない箇所で【右クリック】ドラッグ	マウスジェスチャー起動（設定 > ユーザ定義からカスタマイズ可能）
	エンティティ上で【Ctrl】+【左クリック】ドラッグ	スケッチ内：エンティティの複製部品/ファイル内：フィーチャの複製/アセンブリファイル内：構成部品の複製
	スケッチ作成時に【Ctrl】押しっぱなし	押している間、自動拘束をオフにする
	ボディ、構成部品などをダブルクリック	ボディ、構成部品の寸法を表示する（ヒストリが残っている場合のみ有効）
	ツリー上でスケッチ・フィーチャーを【左クリック】ドラッグ	スケッチ・フィーチャーの履歴の順番入れ替え

1-2 最初に済ませておきたいシステム設定

SOLIDWORKSの本格的なモデリングを学ぶ前に、システム設定を済ませておきましょう。システムオプションは「メニューバーの歯車マーク」をクリックすることで開きます。その中で、本書では比較的設定の優先度が高いものに限定して解説します。

まずは「パフォーマンス > 構成部品をライトウェイトとしてロード」にチェックを入れましょう。ライトウェイトモードとはSOLIDWORKSがアセンブリ内で部品データを読み込む際に、操作の軽さを優先してデータや機能を限定するというモードです。特に設備を設計する場合、部品点数が多くなりがちなので、通常モードで開くとフリーズすることもあります。そのため、この項目にはチェックをつけておきましょう。

続いては「テンプレート」についてです。SOLIDWORKSでは、部品やアセンブリのモデルを作成する際にテンプレートを作成できます（作成方法は16ページを参照）。SOLIDWORKSでファイルを作成する方法は「メニューバー > 新規」以外にも存在するのですが、その際にもテンプレートを使ってファイルが作成されるよう設定しておきましょう。

その他の設定については、みなさんの好みで変更していけばOKです。

● 設定の保存/読み込み

システム設定の内容は、外部ファイルとして保存したり、逆に外部ファイルから読み込むことができます。システム設定の内容を外部ファイルとして社内サーバーなどに保存しておけば、たとえば皆さんの会社で使っているPCが更新された際に、システム設定のファイルを読み込むだけでSOLIDWORKSの設定が完了します。そのため、設定完了後はぜひ保存をしておくようにしましょう。

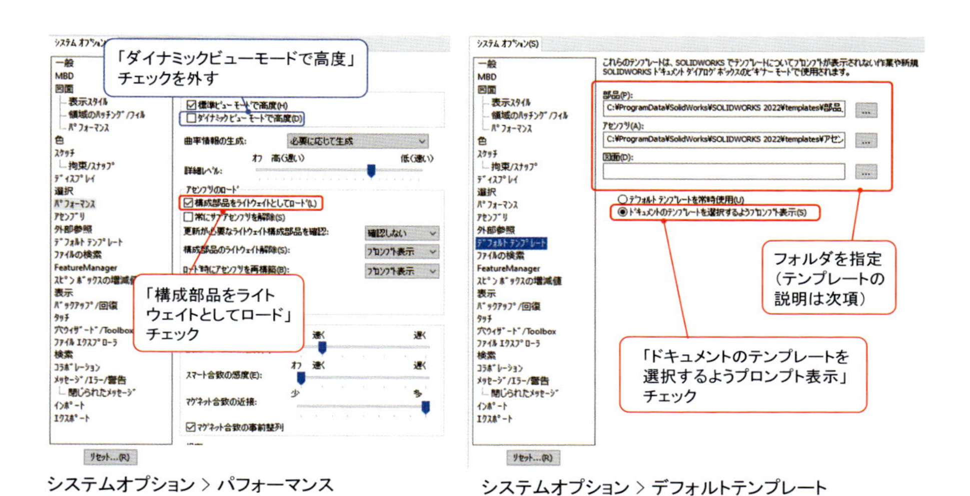

システムオプション > パフォーマンス

システムオプション > デフォルトテンプレート

図 1.2.1　システム設定の設定例

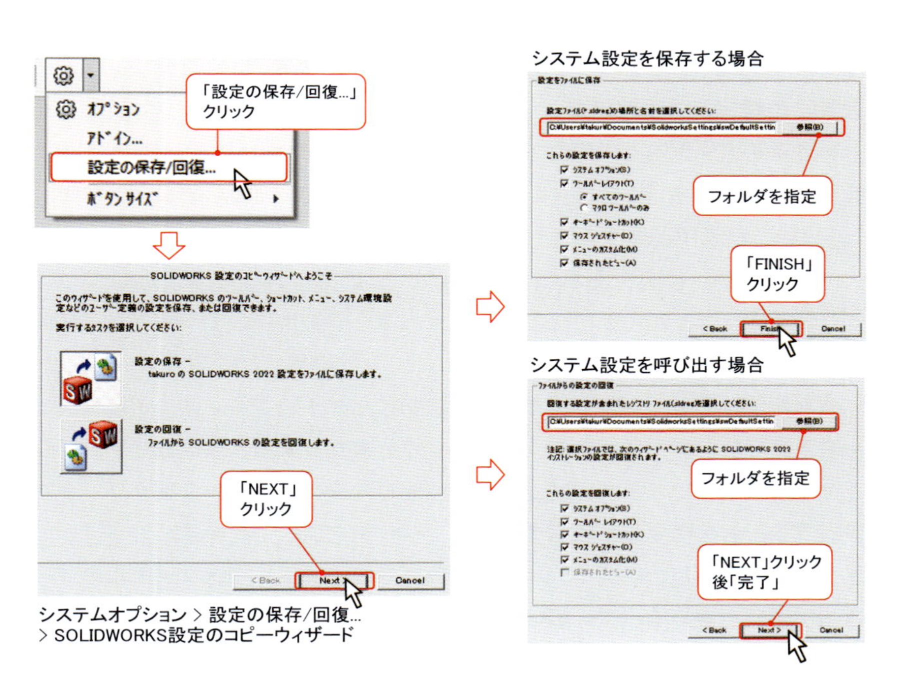

システムオプション > 設定の保存/回復...
> SOLIDWORKS設定のコピーウィザード

図 1.2.2　システム設定の保存と回復

1-3 ドキュメントのテンプレートファイルの作成

特別な設定を何もしていない場合、部品・アセンブリファイルなどを作成する際、SOLIDWORKSがデフォルトで用意している設定でモデルを作成することになります。ただしデフォルトの設定はISO規格になっており、寸法の桁表示が見にくいなどの不都合を感じるケースがあります。もちろんオプションで設定をすれば解決はできますが、これではファイルを作成するたびに設定変更しなくてはならなくなります。そのため、**設定変更後の状態で常にモデル作成ができるようテンプレートファイルを作成しておくこと**が非常に重要です。

今回の例では部品ファイルのテンプレート作成をしていきます。まずは「メニューバー > 新規」をクリックし、「部品」を選択しOKをクリックします。次にメニューバーの「オプション」ボタンをクリックします。画面が開いたら「ドキュメントプロパティ」のタブをクリックします。本書では、モデリングにおいて大きく影響する「設計規格」「寸法」「単位」「材料特性」の4つの設定を変更していきます（変更内容については図1.3.1を参照ください）。

設定が終わったらOKボタンを押して一度オプション画面を閉じ、その後「メニューバー > 保存」をクリックします。保存先を指定する画面が出てきたら「ファイルの種類」の部分を「Part Templates（*.ptrdot）」に変更し、そしてテンプレートのファイル名を付けます。保存先はそのままにして「保存」ボタンをクリックして完了です。

作成したテンプレートファイルで新規ファイルを作成するには、新規作成の画面の左下の「アドバンス」ボタンをクリックします。すると作成したテンプレートファイルを選択できますので、先ほど作成したテンプレート名をクリックすればテンプレートを使用した状態でモデリング作業を開始できます。

本ページで解説した一連の流れはアセンブリのテンプレートファイルの作成も同様の手順で可能ですので、ぜひ設定してみてください。

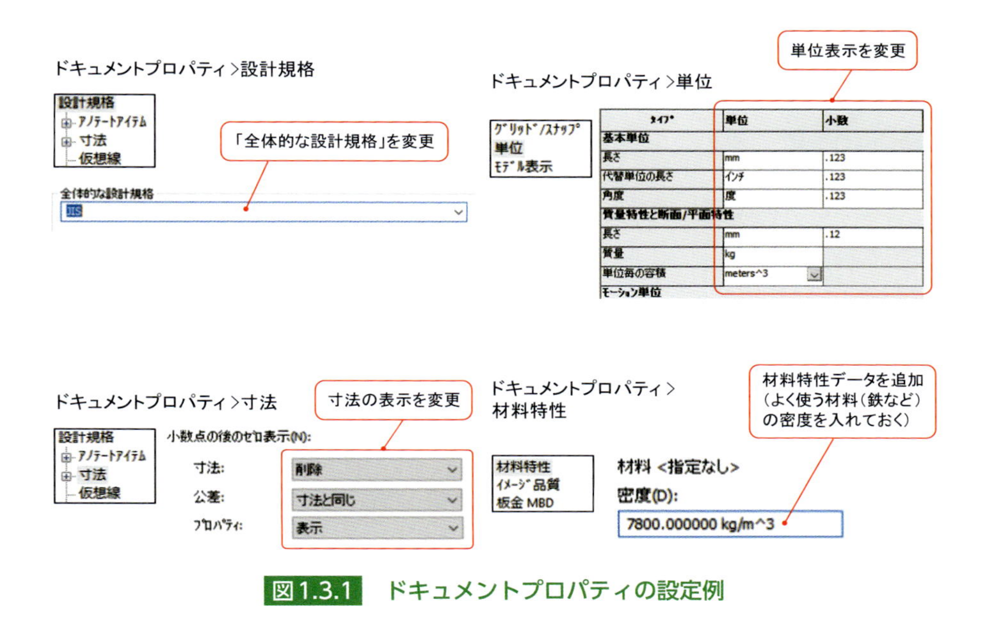

図1.3.1 ドキュメントプロパティの設定例

図1.3.2 テンプレートの保存方法

図1.3.3 テンプレートの呼び出し方法

1-4 3つの選択テクニックをマスターしよう

SOLIDWORKSでは、ツリーやグラフィック領域内のモデルを選択してコマンドを実行する場面が多くあります。その際、選択のテクニックを活用すると非常に作業が効率的になるので、ぜひマスターしましょう。

● 複数選択

選択したいものが複数あった時に、Ctrlキーを押しながらそれぞれをクリックしていくことで複数のアイテムを選択状態にできます。さらにツリー上ではShiftキーを押しながら選択することで、選択した2箇所とその間にあるアイテムを一気に選択状態にすることもできます。なお、選択済みのものの中から選択を解除したいものがある場合には、Ctrlキーを押しながらクリックします。

● 一括選択

マウスのドラッグを使って複数のエンティティを一気に選択できます。ただし、ドラッグのやり方によって選択の挙動が異なります。「左から右へ向かってドラッグ」すると青の囲いが表示されます。この選択方法では「青の枠に完全に入りきっているエンティティのみが選択」されます。一方で「右から左へ向かってドラッグ」すると緑の枠が表示されます。この選択方法では「緑の枠に一部でも入っているエンティティが選択」されます。

● 順次選択

スケッチの線と線とが重なっている部分や、フィーチャ同士が重なっている部分の中など、目的のものをうまく選択するのが難しい場合に役に立つのが順次選択です。グラフィック領域内で選択したいものの上で「右クリック > 順次選択」をクリックします。すると選択できる候補が出てきますので、その中から目的のものを選択できます。

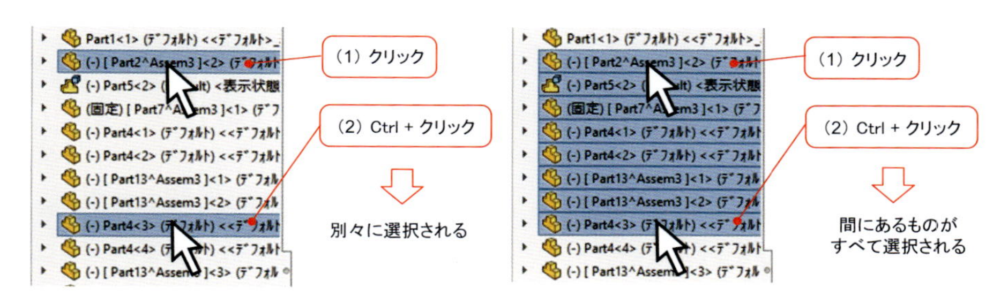

図1.4.1 複数選択でCtrlを使った場合と、Shiftを使った場合の挙動の違い

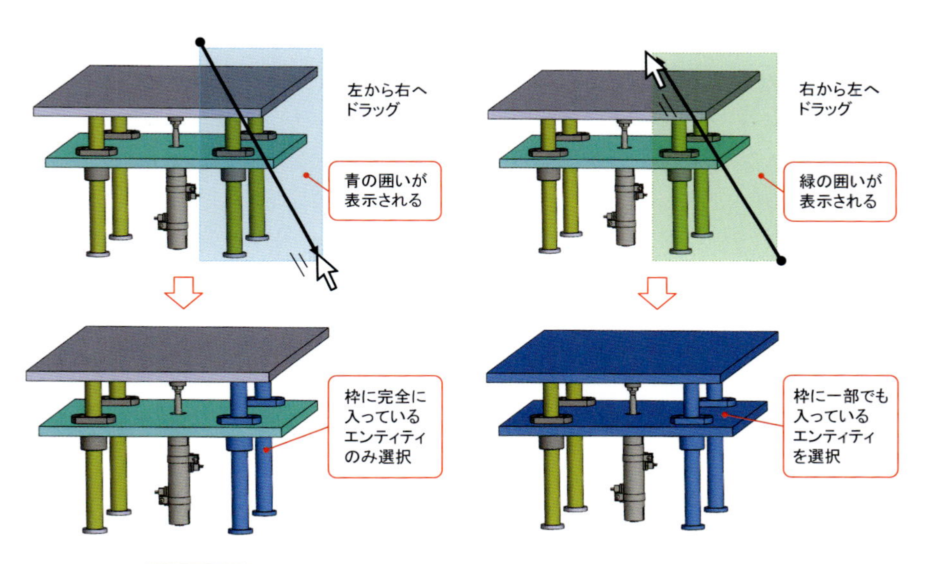

図1.4.2 マウスドラッグの違いによる、選択の挙動の違い

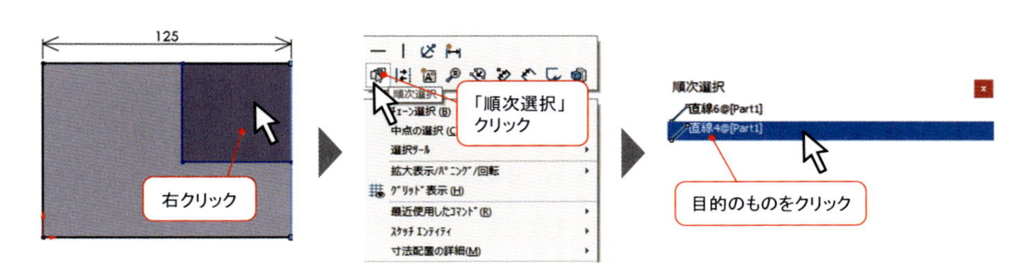

図1.4.3 順次選択の操作方法

1-5 マウスジェスチャー・ショートカットキーを使いこなそう

マウスジェスチャーやショートカットキーは、SOLIDWORKSの操作スピードをあげるうえで非常に役立つ機能です。ここでは設定方法などについて解説します。

● マウスジェスチャー

グラフィック領域内で右クリックを押したままマウスを動かすと、ドーナツ状にコマンドが現れます。その中から実行したいコマンドにマウスを合わせるだけでコマンドを実行できます。この機能を「マウスジェスチャー」と呼びます。

デフォルトの時点ですでにコマンドは設定されています。ここではそのカスタマイズ方法を説明します。「メニューバー > 歯車マークの隣の▼ > ユーザー定義」をクリックし「マウスジェスチャー」のタブをクリックします。すると設定画面が表示されますので、検索画面でコマンドを探し、マウスドラッグでマウスジェスチャー内に配置していきます。

各マウスジェスチャーの中央には「部品・スケッチ・アセンブリ・図面」と書かれています。たとえば「部品」は「部品編集時に使用可能になるマウスジェスチャー」という意味です。どういった作業をする際に呼び出したいかを確認しながらコマンドを配置してみてください。

● ショートカットキー

キーボードによる操作でコマンドを実行できる機能が「ショートカットキー」です。アルファベットキー単体をコマンドに割り当てることも、CtrlキーやAltキーと組合わせたものを割り当てることも可能です。

設定するには、「メニューバー > 歯車マークの隣の▼ > ユーザー定義」をクリックし「キーボード」のタブをクリックします。すると設定画面が表示されるので、コマンドを検索しつつ、設定したいコマンドに対してショートカット欄に割り当てるキーを入力します。

ショートカットキーを割り当てる際は、左手で入力しやすいキーを割り当てるのがおすすめです。右手で主にマウス操作を、左手でショートカットキーの操作と使い分けることで、効率的にモデリングを進められます。

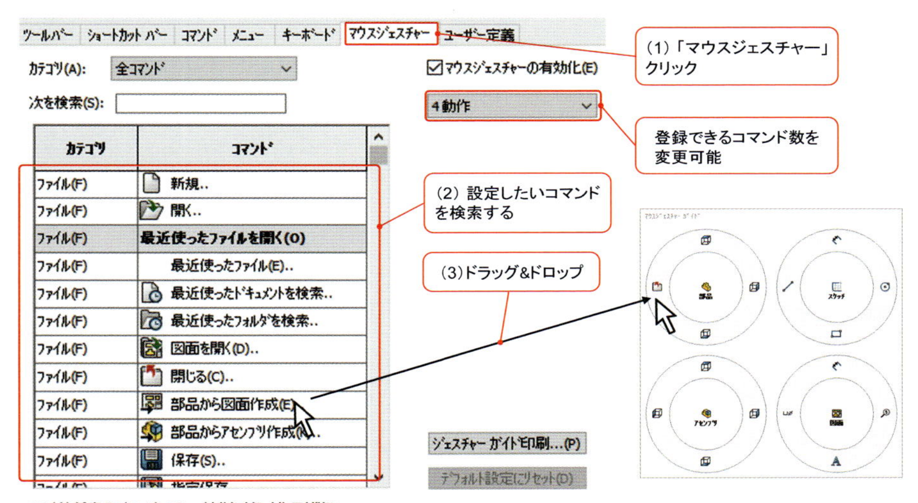

図1.5.1 マウスジェスチャーの設定方法

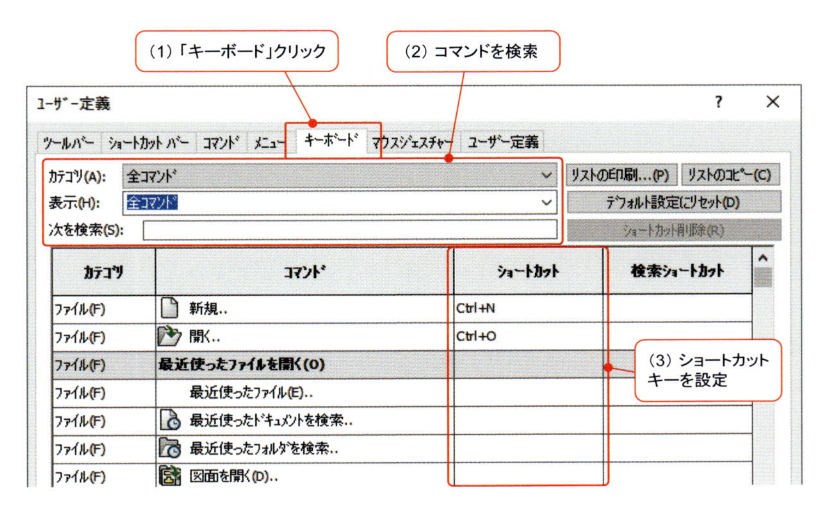

図1.5.2 ショートカットキーの設定方法

CAD講習の内容が設計実務で活かせない理由

3DCADの未経験者がこれから3DCADの習得をしようとした場合に、数日間の講習に通って操作を習うことがよく行われます。しかし、講習の全日程を終えていざ設計現場で活用してみようとしても、講習で習った通りにはいかない点が多数見つかります。なぜこのようなことが起こるのでしょうか？

1つ目は「CAD講習の目的はあくまでも操作スキルの取得であり、講師は操作教育のプロでしかない」という点です。確かに3DCADを実務で扱うためには、そもそも操作スキルがなければ始まりません。受講者が操作スキルを習得できるよう、講師は「コマンドの場所や特徴」については熟知しています。一方で講習は「設計スキルを習得する場」ではなく、講師の多くは「設計のプロ」ではありません。ですから「設計実務の中での、各コマンドの使いどころ」については教えられないことも多いです。私の経験でも、講習で習ったコマンドの半分は実務では滅多に使わないことや、演習で習った通りの操作は実務では適さなかったということがありました。もし仮に講師が設計のプロであったとしても、業界や設計対象物によってコマンドの使いどころが大きく変わることもあるので、限られた日程内で講習ですべてを網羅することは難しいのです。

2つ目は「ローカルルールの存在」です。仮に講習で効率的なモデリング方法を習ったとしても、それが設計現場によっては禁止されている場合があります。禁止ルールによりあえて非効率な方法でモデリングをする必要があると聞くと、それが悪であるかのように一見思えます。しかし、その禁止ルールができた背景を調べると、必ずしも悪とは言えないルールであることもしばしばあります。

「講習自体が無意味なことである」とまでは言いませんが、講習だけではカバーしきれないような部分も多数あります。これを理解した上で、CADのスキルを設計現場へ持ち帰った後に「スキルの擦り合わせ」をする必要があるのです。これについては本書で解説する内容についても同様です。

スケッチ作成のテクニック

SOLIDWORKS

2-1 クイックスナップを使いこなそう

スケッチを描くうえで、たとえば原点から線を引こうとしたときに、マウスカーソルを原点に合わせるのが煩雑だと感じませんか？　また、しっかり原点をクリックしたつもりが微妙にズレてしまっていたりしていませんか？　そのような時に使うべき機能が「クイックスナップ」です。

この機能を使うと、**クリックしたい点からカーソルがある程度離れていたとしても目的の箇所をクリックできる**ようになります。または、線を水平/垂直に引くことも容易になります。これによりミスがない確実なスケッチを描くことができるのです。

クイックスナップを使うためには設定が必要です。「オプション > システムオプション > 拘束/スナップ」で図の項目にチェックを入れます。その後、スケッチのモード内でグラフィックス領域上で右クリックすると、クイックスナップが使用できます。

クイックスナップの具体的な使い方として、たとえば線を描くときは始点と終点の2回クリックをすると思いますが、それぞれクリックする前に「右クリック > クイックスナップ > 適切なクイックスナップ」を実行すればOKです。もちろん、長方形や円などといった他の図形をスケッチする際でも同様の手順になります。慣れないうちは毎回クイックスナップを実行するのが煩雑に感じると思いますが、マウスジェスチャーやショートカットキーに設定をすると煩雑さが軽減されます。

クイックスナップを使ってスケッチを描くようにすると、作図ミスをふせげるだけではなく、**自動的にエンティティの拘束**がつきます。たとえば直線を「水平/垂直にスナップ」を使って描くと、自動的に水平/垂直の拘束がつきます。もちろん「いったん適当に線を描いた後に、拘束関係（一致、水平、同心円など）を追加する」というやり方もできるのですが、クイックスナップによって拘束をつけるほうが圧倒的に作図スピードが速いです。

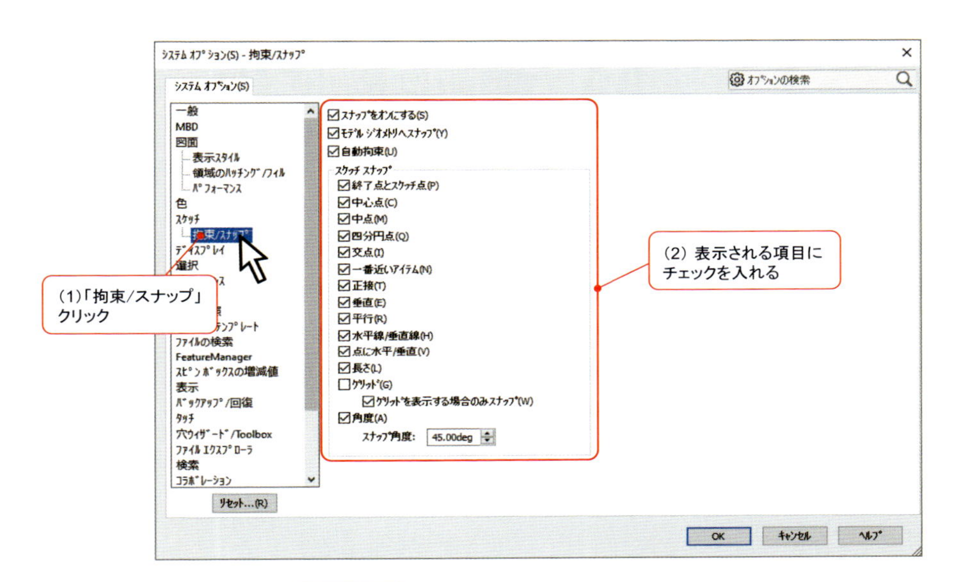

図2.1.1 クイックスナップの設定

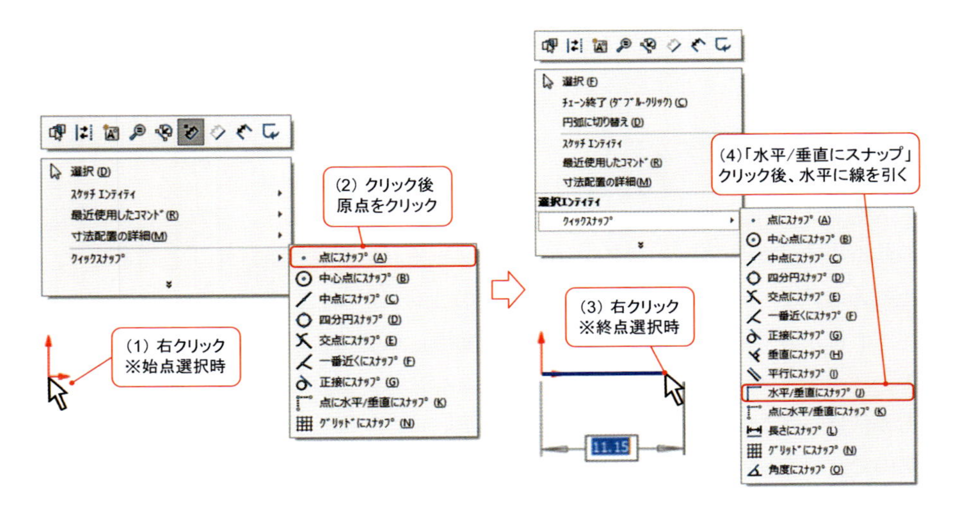

図2.1.2 直線スケッチ時のクイックスナップ使用例

2-2 寸法の入力箇所は最小限に

スケッチでは「拘束」と「寸法」を追加していきながらエンティティを定義します。その際は拘束を積極的に使い、寸法の追加は最小限に抑えるようにしましょう。

寸法値は入力箇所が多くなるほど作業効率は低下します。そもそもスケッチを完全定義するうえで、「拘束」と比較すると「寸法入力」は作業スピードが遅くなるのです。さらには寸法入力をするたびにタイプミスを気をつけなければなりません。これは最初のスケッチの際だけではなく、設計変更に伴うスケッチ編集の際にも同様のデメリットが生じますし、寸法が入力されている箇所が多くなるほど、その影響は大きくなります。一方で拘束を上手く使えば、寸法の入力箇所を最小限に抑えられます。一見すると重箱の隅をつつくような話に聞こえるかもしれませんが、１つの装置を設計するなかでこういった作業は何万回も発生することになるので、結果的に大きな差になっていきます。

なお、拘束を駆使してスケッチを定義していく際、手動で一つ一つ拘束を付けるのは煩雑です。そこで「**クイックスナップ**」（24ページ）を駆使し自動的に拘束が付くようにすると、さらにスケッチの効率を上げることができます。

● すでに作成したエンティティを有効活用しよう

スケッチの作図作業をさらに効率的にする方法があります。それはすでに別で作成済みのエンティティ（スケッチやフィーチャー）を有効活用することです。たとえばスケッチの一部をすでに作成したエンティティの輪郭を現在作業中のスケッチに反映させるには「**エンティティ変換**」を使います。また、すでに作成したフィーチャーの輪郭と同じで、一定寸法だけオフセットさせたスケッチを作成するには「**エンティティオフセット**」を使います。どちらもよく使うコマンドですので、ぜひ活用できるようにしましょう。ただしこれらのコマンドを使った場合、参照元のスケッチが削除などされると本スケッチにエラーが発生しますので注意が必要です。

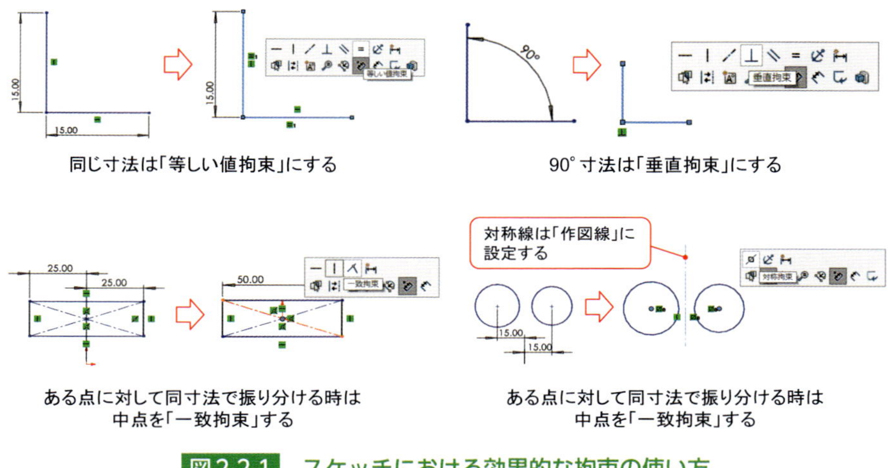

図2.2.1 スケッチにおける効果的な拘束の使い方

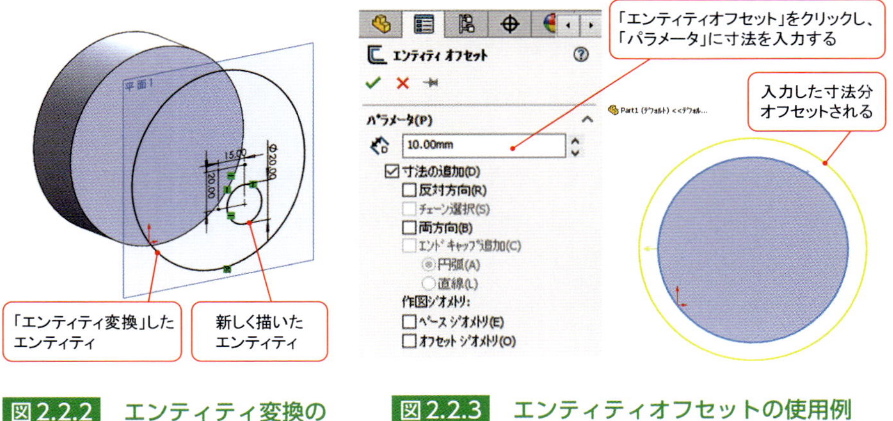

図2.2.2 エンティティ変換の使用例

図2.2.3 エンティティオフセットの使用例

2-3 スマート寸法のテクニック

● 寸法の向きをロックする

たとえば斜めの線の寸法をスマート寸法で入れる際、カーソルの位置によって寸法の向きが変わってしまうため、寸法が入れにくくなります。かといって拡大などを駆使して寸法の向きを合わせたとしても、寸法の配置された場所が見えにくくなります。

そのようなときには、寸法の向きをロックするテクニックを使用しましょう。まずは通常通りスマート寸法のコマンドをクリックし、寸法を入れたい線をクリックします。次に寸法の向きが想定している向きになるようカーソルの位置を調整し、右クリックします。するとその後は、カーソルをどの位置に移動させても寸法の向きがロックされます。

● 円・円弧の寸法の入れ方

たとえばスマート寸法で「2つの円のピッチ寸法」や「直線と円弧の寸法」を入れる際、単にスマート寸法を使っても円・円弧の中心点が選択されてしまいます。そうすると、たとえば円や円弧の一番遠い（または近い）箇所との寸法を引きたい場合に不都合が生じます。その場合は**Shiftを押しながら円弧をクリック**すると、上手く寸法を入れることができます。なお円弧をクリックする箇所が「遠い側の円弧」の場合と「近い側の円弧」の場合とで挙動が異なるので、うまく使いこなしてみてください。

別の方法として、いったん中心点を参照して寸法を置いた後にその寸法を選択し、プロパティの「引出線 > 円弧の状態」から円弧の遠い側（または近い側）を切り替えることも可能ですが、Shiftを押す方法の方が効率的です。

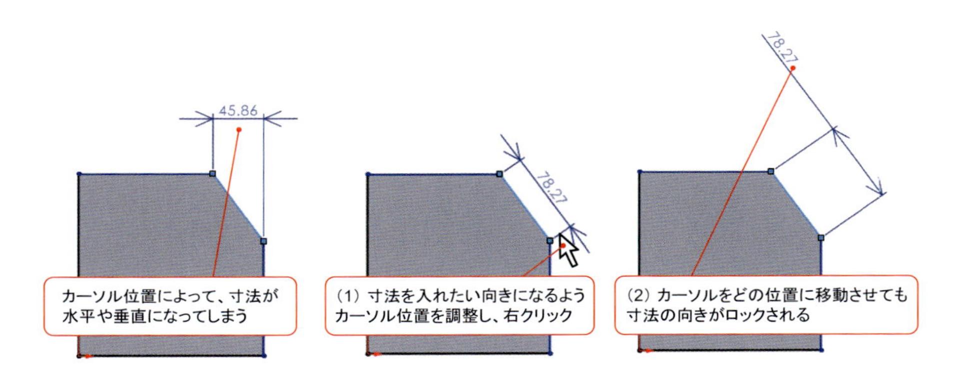

図2.3.1 寸法の向きをロックする方法

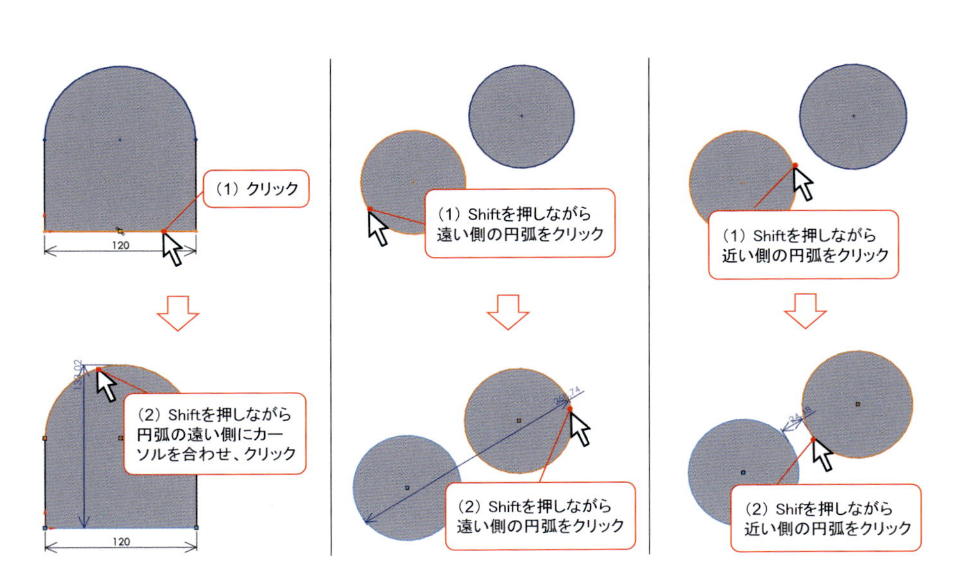

図2.3.2 円・円弧のスマート寸法のテクニック

2-4 寸法入力におけるテクニック

● 寸法はSOLIDWORKSに自動計算させよう

たとえば設備のカバーフレームの開口部にピッタリはまるようなカバープレートを設計するとします。開口部の寸法は縦250mm×横350mmですが、カバープレートが確実に開口部にはまるように、カバープレートの縦・横寸法は、開口部と片側2mmの隙間ができるように設計します。この条件でカバープレートの外形スケッチを描く際に、計算が得意なかたであればすぐに「縦：250-2×2＝246mm」「横：350-2×2＝346mm」と暗算できると思います。しかし、計算ミスを防ぐためにも、このような計算はSOLIDWORKSに自動計算させるほうが望ましいです。

自動計算は、スケッチ内で寸法を入れる際に**数式で入力する**ことで行えます。今回の例で挙げたカバーフレームの縦の寸法であれば「250-2*2」と入力します。そうするとSOLIDWORKSが計算をしてくれて「246」の寸法値に変換してくれます。この数式入力は、他にも押し出しボス/ベースでブラインドの長さを入力する際などにも有効です。

● 設計意図が分かるように寸法を入れよう

スケッチに寸法を入れる際、同じスケッチ形状でも何パターンかの寸法の入れ方があります。「結果的に同じ形状になるのであれば、どのように寸法を入れても一緒では？」という人もいると思います。しかし、スケッチを入れる際には、第三者が見たときにその設計意図が分かるよう寸法を入れましょう。

たとえば幅120mmのプレートにタップを2箇所入れるためのスケッチを作成するとします。一方はセンター振り分けで穴ピッチの部分に寸法を入れています。もう一方はセンター振り分けですが、プレート端からの寸法を入れています。結果的に作成される部品モデルは一緒ですが、これらは設計意図が異なるというふうに読まれます。前者は穴ピッチに寸法を入れていることから「相手部品の穴ピッチに寸法を合わせている」と読めます。一方で後者はプレート端からの寸法を入れていることから「何らかの理由で穴の位置を端から10mm離している」と読めます。

私の経験上ですが、このような設計意図を意識した寸法の入れかたについて、2次元図面の経験者はできている人が多いのですが、3次元の経験しかないと慣れていないかたが多い印象です。

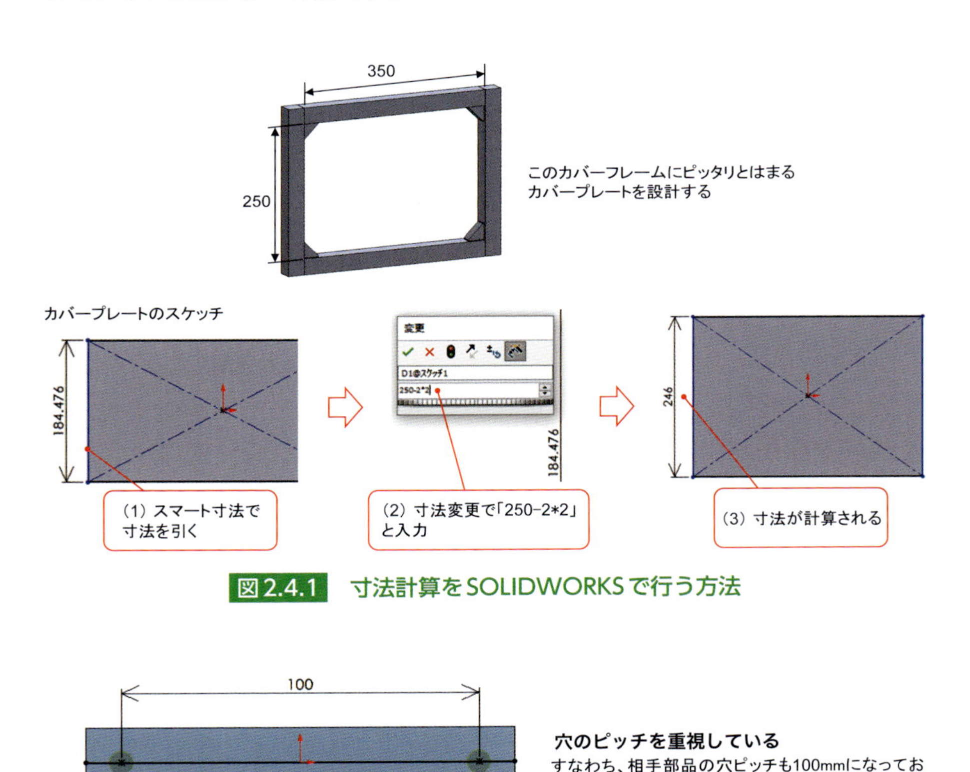

図2.4.1 寸法計算をSOLIDWORKSで行う方法

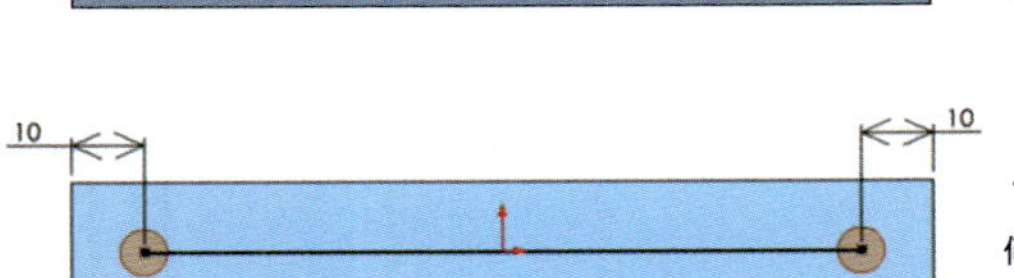

図2.4.2 読み取れる設計意図

2-5 スケッチが開いている箇所への対処法

スケッチ線のつなぎ目が微妙にずれているなどによりスケッチが開いている箇所があると、フィーチャーを正しく作成できません（例外として、板金フィーチャーなら作成可能です）。この場合、開いている箇所を見つけ出してスケッチを修正する必要があるのですが、目視で探すとなると非常に大変です。そこでスケッチが開いている箇所への対処法を紹介します。

まずは輪郭が開いているかを一目で見分ける方法です。「スケッチタブ ＞ シェイディングスケッチ輪郭」をオンにしてください。これにより、**線で囲われている部分がハイライトされているかどうかで見分けられます**。

続いて、具体的にどこが開いているのかを探索していきます。まず「スケッチタブ ＞ スケッチ修復」コマンドを使用します。するとウィンドウが出てくるので、「次より小さいギャップを表示」の数値を設定すると、**開いている箇所を拡大して表示してくれます**。コマンドを使うときのコツは、設定する数値をいきなり大きくしすぎないことです。0.01ぐらいから設定し、それでもうまく検出されなければ徐々に数値を大きくしていくと見つけやすいです。

ただし1つのスケッチの中に多数の点や線があると、スケッチの修復を使ったとしても開いた箇所を見つけづらい場合があります。このような場合には以下のようにスケッチを改善することで対処しやすくなります。

- **単一のスケッチにたくさん線を描くのではなく、複数のスケッチに分ける**
- **部分的にスケッチ・フィーチャーを作成したあと（穴など）、フィーチャーの「ミラー」や「直線（円形）パターン」などを上手く使う**

対処法自体はありますが、そもそも**開いている輪郭を作らないスケッチ**をすることが重要です。24ページで紹介したクイックスナップを使用する癖を付けておけば、意図しないスケッチのずれの大半は防げます。また2Dデータを3Dデータ化する際も前述の「スケッチの完全定義」コマンドを積極的に使用しましょう。

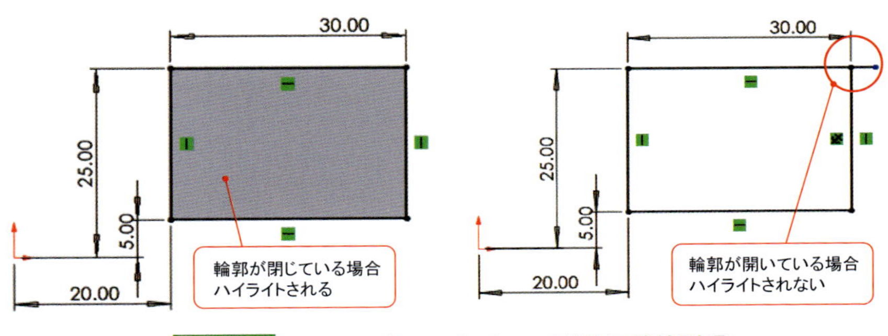

図1.5.1 シェイディングスケッチ輪郭の機能説明

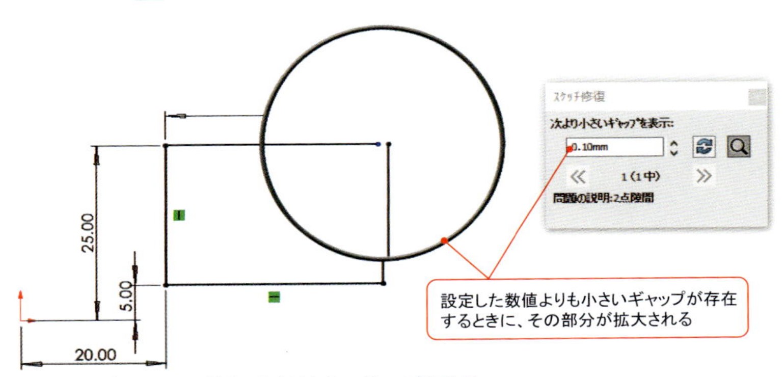

図2.5.2 スケッチ修正の機能説明

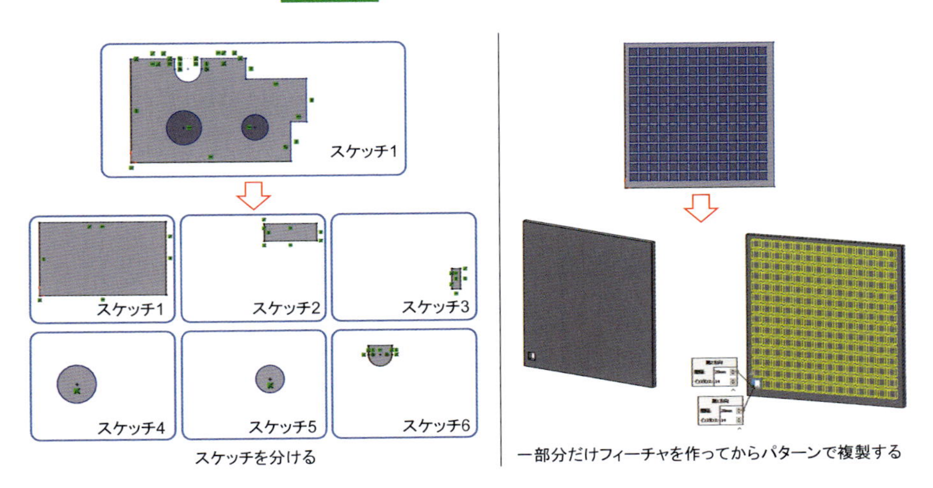

図2.5.3 スケッチの改善案

2-6 補助線は作図ジオメトリに設定しよう

スケッチを描く際に補助線を描くことがあります。比較的多いのが、原点からの水平・垂直線を引いたり、「エンティティのミラー」コマンドを実行するための対称線として補助線を引いたりするなどの場面です。

補助線は、実線のままにしていても一応はフィーチャーを作成できることがあります。ただし場合によってはフィーチャー作成時に上手くスケッチを認識してくれなかったり、第三者がスケッチを確認しようとしたときに設計意図が読みづらくなる原因になったりします。そのため、**基本的には補助線にしたい線は作図ジオメトリに設定するのを推奨**します。

作図ジオメトリを設定するには、線を選択した状態でプロパティ欄の「作図線」にチェックを入れるか、線を選択した状態で「右クリック > 作図ジオメトリ」をクリックをします。選択した線が一点鎖線に変更されていればOKです。

● 完全定義の状態を崩さずにトリムする

スケッチで線を引く際、「エンティティのトリム」を駆使することで効率的にスケッチ作成できるケースがあります。たとえば図のように、長方形の角部を円弧形状に切欠く際などにこのコマンドを使うと、線を一本一本引きながら寸法入力する場合に比べて非常に手軽にスケッチを作成できます。線をトリムするには「スケッチタブ > エンティティのトリム」をクリックしたのちに、トリムをしたい箇所をマウスでドラッグします。しかしそのままトリムを実行してしまうと、完全定義されたスケッチが崩れてしまいます。

これを回避するには「エンティティのトリム」実行後に、プロパティ内の「**トリムされたエンティティを作図ジオメトリとして保持**」にチェックをした状態でトリムを実行します。こうすると、トリムされた箇所が一点鎖線で残り、かつ完全定義を崩すことなくトリムできます。

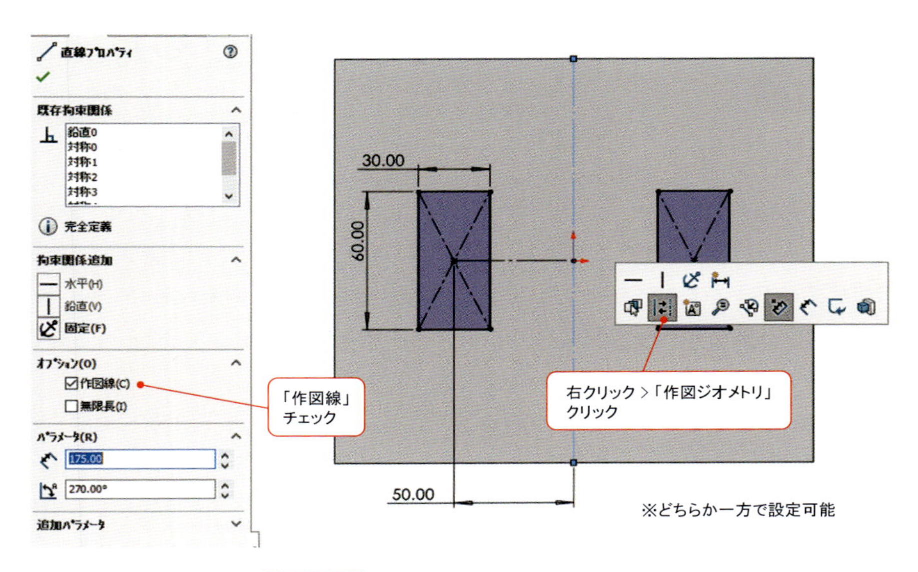

図2.6.1 作図ジオメトリの設定方法

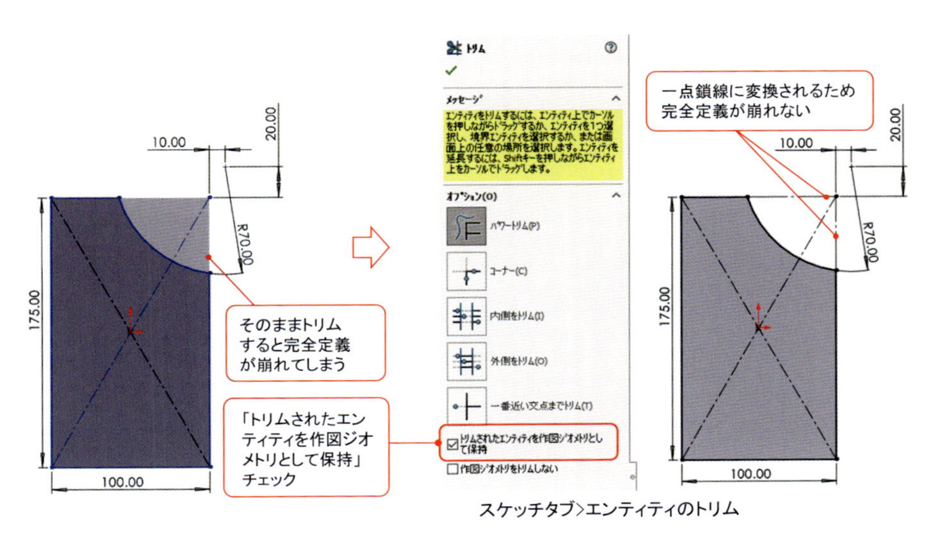

図2.6.2 完全定義を崩さずにエンティティをトリムする

2-7 DXFをスケッチへ貼り付ける方法

過去図面や部品メーカの2DデータをSOLIDWORKSの3次元データにする際、皆さんはどのようにして行っているでしょうか？　もし目視で2Dデータを見ながら3Dモデルを作成しているのであれば、それは寸法の見間違いなどの大きなリスクがあるため、得策とは言えません。そのような場合はDXFデータをSOLIDWORKSのスケッチ平面に貼り付け、それをベースにして3D化するほうが転記ミスを最小限にすることができます。

まずはDXFをインポートをします。DXFファイルをSOLIDWORKSで開くと「DXF/DWGインポート」の画面が出てくるので「新規部品へ次の様にインポート」「2Dスケッチ」にチェックを入れ、「参照としてインポート」のチェックを外し「完了」をクリックします。次に部品ファイルのテンプレートを選択し、「OK」をクリックするとDXFの線が1つの平面上にインポートされます。これと同時に「2Dから3Dへ」のツールバーが表示されます。

次にスケッチの原点合わせと、インポートした三面図を各平面へ移動させていきます。まずは正面図の原点にしたい箇所を選択した状態で「2Dから3Dへツールバー > スケッチ整列」をクリックし、三面図全体をスケッチ原点へ合わせます（すでに原点が合っている場合はこの操作は不要です）。続いて正面図にしたい部分を選択し「2Dから3Dへツールバー > 正面スケッチに追加」をクリックします。すると該当のスケッチが「正面」へ移動します。同様にして、平面、右側面にしたい部分についても、それぞれの面へ移動させていきます。最後に平面・右側面に追加した各スケッチについて、原点にしたい箇所をクリックし「2Dから3Dへツールバー > スケッチ整列」を実行して、各平面で原点位置を合わせます。これにてDXFデータの貼り付け作業が完了です。

その後の3Dモデル化の作業においては、スケッチの際には「エンティティ変換」を、フィーチャー作成の際にはスケッチを参照して立体を作る、などのように活用すればOKです。

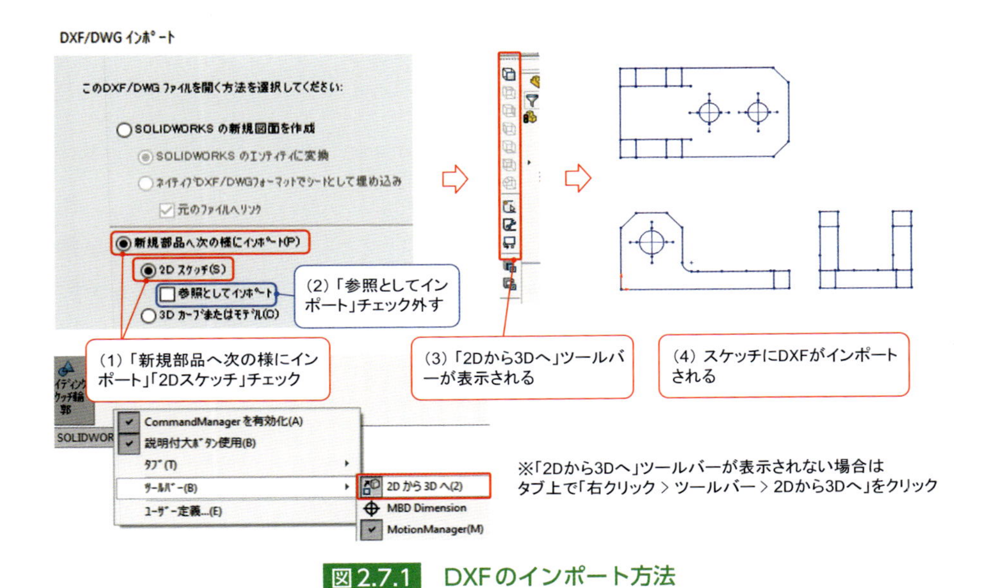

図2.7.1 DXFのインポート方法

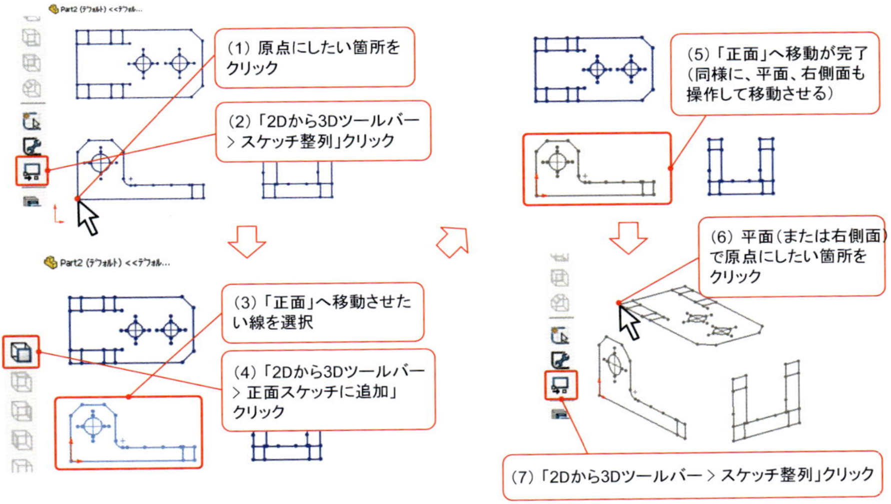

Part2 (ﾃﾞﾌｫﾙﾄ) <<ﾃﾞﾌｫﾙ...

(1) 原点にしたい箇所をクリック

(2)「2Dから3Dツールバー > スケッチ整列」クリック

(3)「正面」へ移動させたい線を選択

(4)「2Dから3Dツールバー > 正面スケッチに追加」クリック

(5)「正面」へ移動が完了（同様に、平面、右側面も操作して移動させる）

(6) 平面（または右側面）で原点にしたい箇所をクリック

(7)「2Dから3Dツールバー > スケッチ整列」クリック

図2.7.2 スケッチの原点合わせと、各平面への移動

2-8 部品形状が確定したスケッチは完全定義しよう

スケッチはポンチ絵レベルであれば未定義のままでも構いません。しかし、形状が確定した段階で、スケッチは完全定義するようにしましょう。**スケッチが完全定義されていないと、誰かがモデルを編集している最中に予期せずスケッチ形状が変更されてしまい、最悪の場合元に戻せなくなります。**

スケッチが完全定義されていない箇所を見つけるには、以下の方法があります。

- ツリービュー上でスケッチ名の頭に（-）マークがつく
- スケッチを開くと青い線や点がある
- ドラッグすると形状が変わる部分がある

なお、「システム設定 > スケッチ > 完全に定義されたスケッチを使用」にチェックを入れることで、スケッチが完全定義されていない限り、スケッチを終了できなくすることができます。ただしこの設定をすると、ポンチ絵レベルでスケッチを描きたい場合などで不便さを感じることもあるため、必須の設定ではありません。

● 2D→3D化する際に便利なコマンド

2Dデータを3D化する際のやり方としてよくあるのが「2Dの絵をスケッチに貼り付け、スケッチを完全定義し、フィーチャーを作っていく」というものです。ただし、線の数が多い2Dデータの場合、それらの一つ一つに寸法や拘束をつけて完全定義していくのは非常に時間がかかってしまいます。

そんな時に便利なのが「**スケッチの完全定義**」のコマンドです。これは「スケッチタブ > 幾何拘束の表示/削除 > スケッチの完全定義」から使用できます。これを実行することで、自動的に「寸法」と「拘束」を追加できます。そのあとは必要な箇所に修正を加えれば完全定義完了です。

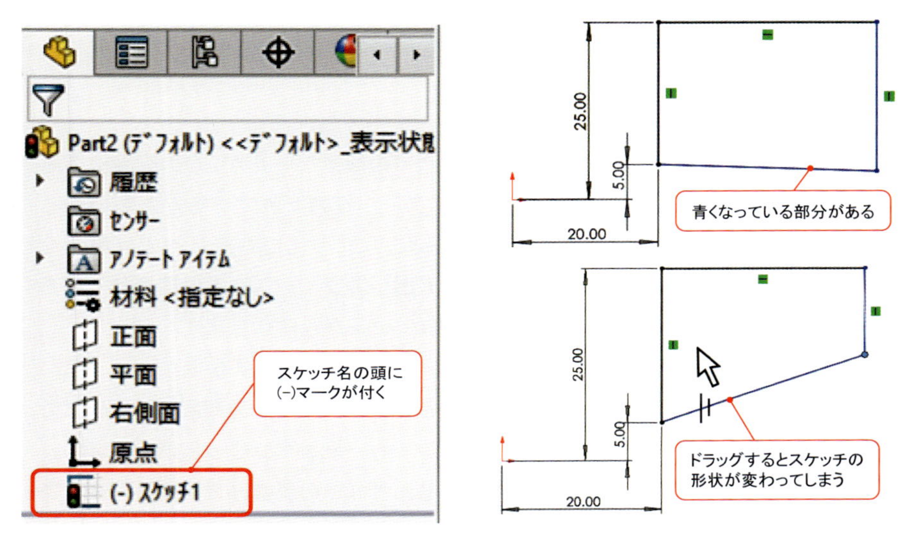

図2.8.1 完全定義されていないスケッチの特徴

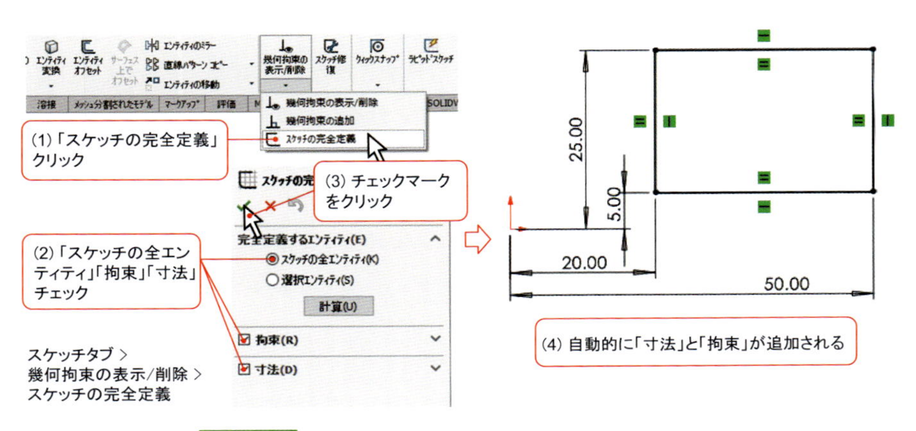

図2.8.2 「スケッチの完全定義」のコマンド説明

Column 02

3DCADを使いこなすうえでも紙とペンは重要

3DCADの導入の話になると、あたかも全ての設計ツールがPCの画面にて集約され、全てがデジタル化されるというイメージを持たれているかたもいらっしゃると思います。しかし、3DCADを使いこなすうえでも紙とペンは重要なツールです。その理由は**紙とペンがアイデア出しのフェーズにおいて優れている点**にあります。具体的にどのような点に優れているかを解説します。

1つ目は「**表現の自由度の高さ**」です。アイデア出しでまず重要なのは「思いついた事をそのままの形でアウトプットできること」です。たとえば、正確な絵ではなく、全体のほんの一部だけの絵だとしても、紙とペンなら表現できます。また、紙とペンは表現方法による縛りもほとんどないのが強みです。絵で表現できることはもちろん、言葉や数字、イラスト、図や表、グラフなども併用でき、それらを線で結んだり、丸で囲んだりすることで思考を整理できます。わざわざツールを使い分ける必要がなく、すべて紙の上で完結するという点で非常に優れています。

2つ目は「**アウトプットの速さ**」です。紙とペンを使うことで、アイデアが浮かんだ瞬間に余計な手順を踏まずに書きしるすことができます。一方でCAD上で表現しようとすると、コマンドを探したり、座標や面を決めたり、寸法を決めたりといった手順が発生します。CADを使うのと同じ時間があれば、紙の上ではすでに複数のアイデアをスケッチできていることも珍しくありません。

3つ目は「**アイデアを比較しやすいこと**」です。1つの紙の上にアイデアを並べることで、複数のアイデアを比較できます。新たな発想を生み出すうえで非常に有効です。

ただし、紙とペンは「形状や寸法の正確さに欠ける点」「編集がしにくい点」「関係者との情報共有やデータ連携がしにくい点」などのマイナス点もあげられます。そのため、アイデア出し以降の具体化のフェーズにおいては、CADにアウトプットしましょう。

3 フィーチャー作成のテクニック

SOLIDWORKS

3-1 フィーチャー作成の基本(1)：ベース形状や重要箇所から作成する

ヒストリー系CADでモデル作成する際の重要なコツが2つあります。そのうちの1つである「**ベース形状や重要箇所から作成すること**」について解説します。重要箇所とは、例えると「木の幹」に相当します。履歴が後ろに行くにしたがって枝葉の部分が作成されていくようフィーチャーを作っていきます。

なぜ重要なのかと言えば、モデルの**履歴を作っていくうえでは、その履歴の「親子関係」が重要になるからです**。たとえばフランジ、ねじ穴、キー溝などの寸法は、元をたどればその部品の「ベース形状や重要箇所」を基準に作成することが一般的です。また、このように履歴を作ることで、モデル修正の必要が出てきた場合でも非常に効率的に作業を進めることができます。

なお、「重要箇所」というのは設計においてケースバイケースですが、分かりやすい例をあげると、「チャックの爪」のモデリングであれば「ワークに接触する部分の形状」がその部品にとっての重要箇所だと言えるでしょう。

● ロールバックバーで適切な履歴に戻って作業しよう

フィーチャーはベース形状や重要箇所から作成することが重要ですが、実際の設計ではこの手順通りにモデリングが進むことはありません。実際にはモデル作成を少し進めるたびに、装置全体の状況や機能をアセンブリで確認・検討し、場合によってはいったん親フィーチャーの作成段階まで戻るというように**手順を行き来することのほうが一般的**です。

このように**手順を行き来する際は、必ずロールバックバーで適切な履歴に戻って作業**してください。ロールバックバーとは、ツリーの一番下の方にある横線のことです。ロールバックバーはマウスのドラッグにより上下に移動することができ、このバーより上にある履歴がモデルに反映され、下にある履歴は反映されないという仕組みです。

このようにロールバックバーを駆使し、最終的に完成したモデルのツリーが、先ほど紹介した手順に沿うようになっていればOKです。

図3.1.1 パーツのモデリングの手順イメージ

図3.1.2 ロールバックバーの使用例（インロー部の追加）

3-2 フィーチャー作成の基本（2）：機能ごとにフィーチャーを分ける

ヒストリー系CADでモデル作成する際の重要なコツの2つ目は「**フィーチャーは機能ごとに分けること**」です。

たとえば次のページの図のようなプレートを見てください。「プレートを削って穴をあけただけ」とも言えますが、もう少し細かく見ていくと１つの部品の中にも部位ごとに「機能」があるはずです。

- Ａ部のタップ穴はリニアガイドを取り付ける機能
- Ｂ部のタップ穴は、002の部品を取り付ける機能
- Ｃ部のタップ穴は、003の部品を取り付ける機能

仮にこれらすべてが「M5の貫通タップ穴」だとしても、機能が異なればフィーチャーを分けることを推奨します。

● フィーチャーを機能ごとに分けるメリット

フィーチャーを分けるメリットとして、まず「**第三者がモデルを見ても分かりやすいこと**」があげられます。たとえばその部品を流用したり、マイナーチェンジをして新しい装置を設計する状況を考えます。その際、フィーチャーが機能ごとに分かれていれば、それぞれの形状や穴がどのような機能を持っているか理解でき、流用やマイナーチェンジへの適用の可否を一目で判断できます。

次に「**設計変更に対応しやすいこと**」があげられます。フィーチャーを機能ごとに分けておくことで、仮に設計変更が発生した際に他の箇所に与える影響を最小限に抑え、その部分だけを修正することが容易になります。たとえば、Ａ部に取り付けるリニアガイドをサイズが大きいものに変更したい場合、Ａ部でフィーチャー編集をしてタップ穴をM5からM6に変更するだけで完了します。逆に機能ごとに分かれていない場合、Ａ部だけをM6に変更するということができないので、フィーチャーの作り直し作業が発生してしまいます。

自分が作成した部品モデルを将来他の誰かが使用するかもしれませんし、自分が使うとしても当時モデルを作成したときに検討していたことを隅々まで覚えてはいないでしょう。そのため、最初のモデル作成のときにこのような一工夫を入れておくのが非常に重要なのです。

ちなみに、フィーチャーは英語でfeatureですが、これには「特徴・機能」という意味があることを知っておくと、重要性が納得できると思います。

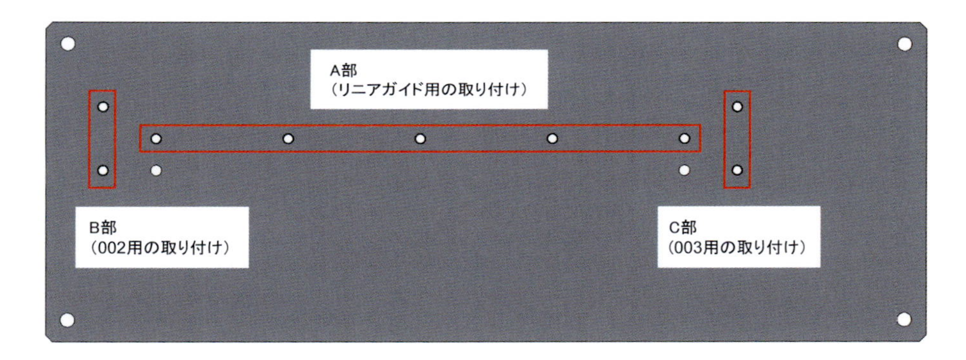

図3.2.1 フィーチャーの分け方の例

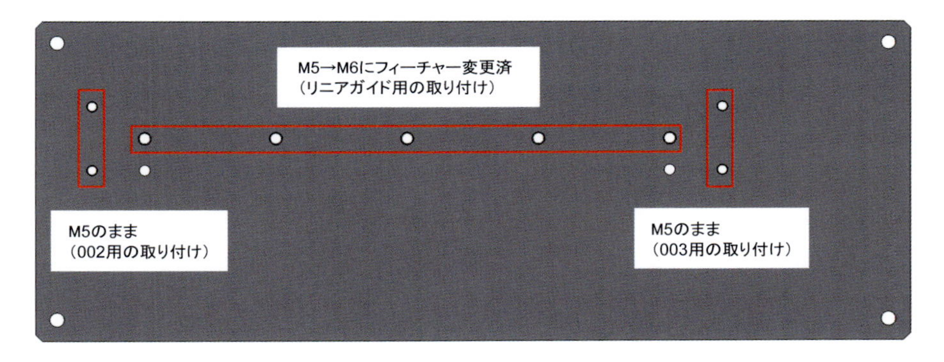

図3.2.2 タップ穴変更の設計変更の例

3-3 コンフィギュレーションを使いこなそう

コンフィギュレーションとは、部品モデルの形状やアセンブリの構成部品の配置などの**バリエーションを効率よく切り替えられる機能**です。

● 詳細用モデルと解析用モデルの切り替え

部品を製造するうえではフィレットなどが全て作成された詳細用モデルが必要ですが、一方で解析では計算負荷を軽減するために余計なフィレットなどは抑制しておきたいところです。このような際にコンフィギュレーションを使います。

まずは詳細用のコンフィギュレーションでフィレットなども含めてモデルを完成させます。その後「ツリー > Configuration Manager」をクリックし、続いてツリー上で右クリックしたあと、コンフィギュレーションの追加をクリックします。そしてプロパティで名前を付け、緑のチェックをクリックします。最後にツリー中の不要なフィーチャー上で「右クリック > 抑制」をクリックすれば設定完了です。コンフィギュレーションはConfiguration Managerでダブルクリックをすれば切り替えられます。

● ボルト長さの切り替え

ボルトのモデルを用意するうえで「ねじの長さを簡単に切り替え可能にしておく」ような場合にもコンフィギュレーションが効果的です。

まず任意の長さでボルトを作成したら、「メニューバー > 挿入 > 設計テーブル」をクリックし、プロパティで緑のチェックをクリックします。すると「寸法」のウィンドウが出ますので、ねじ部のフィーチャーを選択しOKをクリックします。するとSOLIDWORKS内でエクセルが起動するので、コンフィギュレーション名とフィーチャーの寸法を入力し、緑のチェックをクリックします。すると、ねじ部の長さがコンフィギュレーションによって切替できるようになります。コンフィギュレーションを追加・変更したい場合には、Excel設計テーブルで右クリックをし、テーブル編集をクリックします。

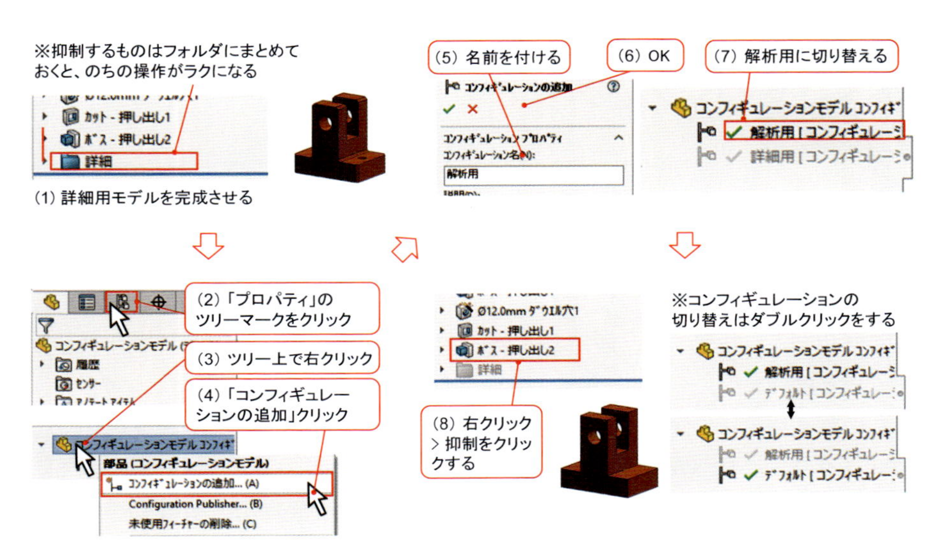

図3.3.1 コンフィギュレーションの活用事例（抑制 / 抑制解除の切り替え）

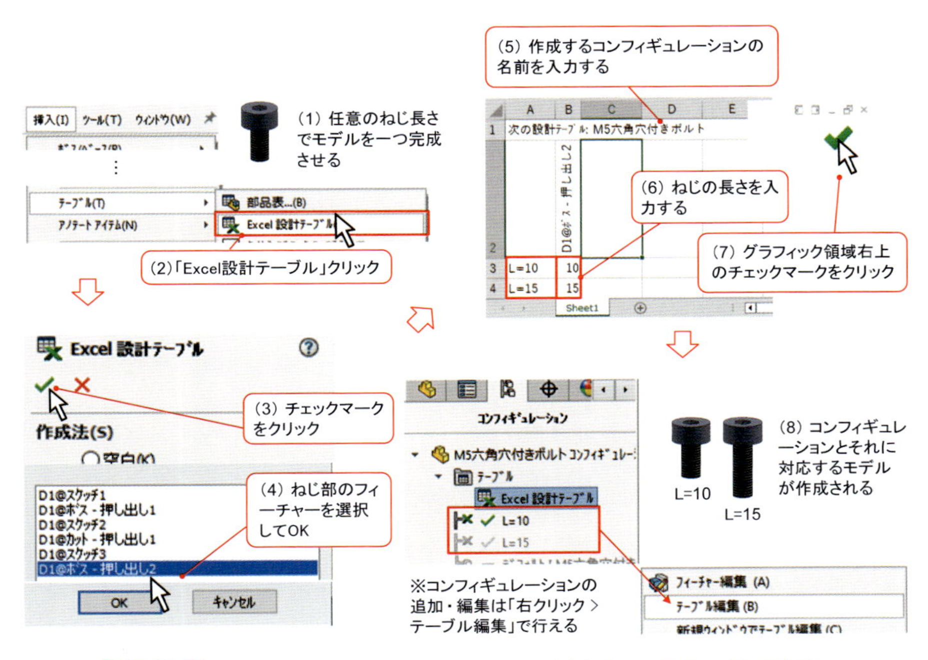

図3.3.2 コンフィギュレーションの活用事例（ねじ長さの切り替え）

3-4 穴ウィザードを使うコツ

キリ穴、タップ穴、ノック穴など、締結部品を入れるための穴は「フィーチャータブ > 穴ウィザード」のコマンドで作成するのが便利です。わざわざ円をスケッチして押し出しカットをしなくても、簡単に穴を作成できます。コマンドを実行してプロパティを見ても、最初のうちは作りたい穴を作るためのボタンが分かりにくいと思います。そこで比較的よく使うものを以下の表にまとめています。

穴の種類や形状が決まったら、それを配置していきます。プロパティ内の「位置」をクリックし、穴を配置する面をクリックします。これで穴を配置できる状態になりますが、穴配置用のスケッチを描いてから配置したほうがよいので、一度「Escキー」を押します。穴配置用のスケッチを描いた後に「スケッチタブ > 点」をクリックすると、もう一度穴を配置できるようになります。この状態で先ほどのスケッチに穴を配置すれば完了です。

● 穴をあける向きをよく考えよう

図のようなブロックに対して貫通穴のフィーチャーを作る場合、上面・下面の

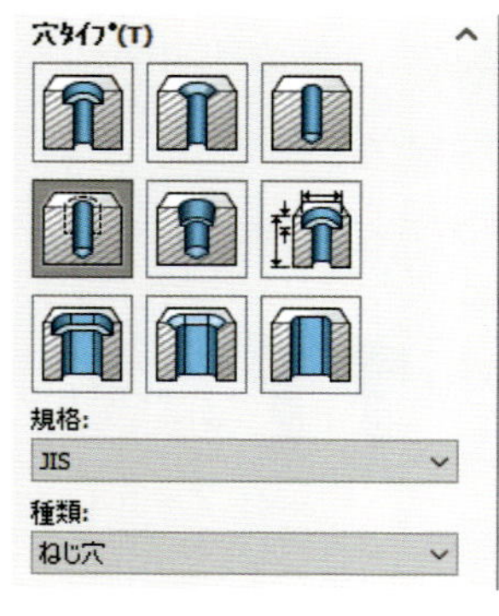

作りたい穴	穴タイプ	種類
ねじ用のキリ穴	穴	ねじすきま
タップ穴	ねじ穴 - ストレート	ねじ穴
座ぐり穴 (六角穴付きボルト)	座ぐり穴	六角穴付きボルト JIS B 1176
精度穴	穴	ダウエル穴
管用テーパねじ	ねじ穴 - テーパ	管用テーパねじ
長穴	スロット	ねじすきま

図3.4.1 よく使う穴ウィザードのコマンド

どちらから穴をあけても結果的には同じになります。しかし、形が同じとはいえ、後の修正作業が少なくなる方向からフィーチャーを作ることが望ましいです。もし貫通穴から止まり穴への変更や、キリ穴からザグリ穴への変更が生じた場合、穴の向きが逆になっているとフィーチャーを作り直すことになります。そのため、ボルトやピンなどがどちらの向きから挿入されるかがあらかじめ分かっているのであれば、それと同じ向きになるように穴フィーチャーを作るようにしましょう。実際に設計変更で穴を修正する際には、フィーチャー編集から修正作業をすれば完了となります。

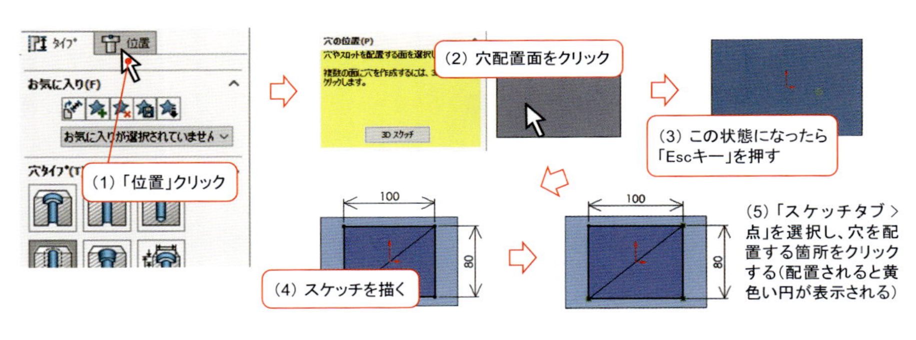

図3.4.2 穴の配置方法

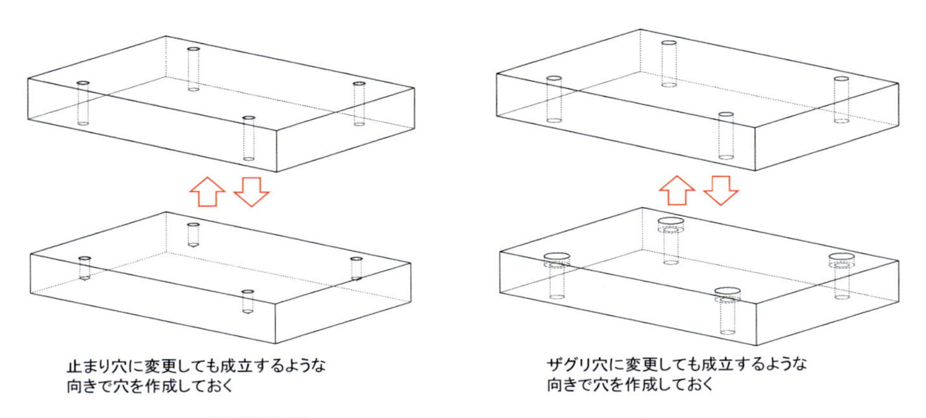

図3.4.3 穴フィーチャー作成の向きのポイント

3-5 穴ウィザードのカスタマイズ

SOLIDWORKSをインストールした時点で、穴ウィザードにはすでに多くの穴データが登録されていますが、一方で一部の細目ねじなどのデータは登録されていません。このような場合は穴ウィザードにデータを追加することで解決できます。

穴ウィザードへの追加は既存の登録データへ直接追加する方法もありますが、この方法は誤動作したときにデータ毀損のリスクがあります。そのため、まずは既存のデータを一度コピーするところから手順を紹介します。システムオプションを開き「穴ウィザード/Toolbox > コンフィギュレーション」をクリックします。するとToolboxという名前のウィンドウが開くので、この中で「穴ウィザード」をクリックします。続いてJIS規格をクリックし、上部にある「規格のコピー」をクリックして任意の名前をつけます。そのまましばらく経つとフォルダのコピーが完了します。

ここからデータの追加方法について紹介をしていきます。先ほど作成したフォルダの中の「ねじ穴 > ねじ穴」と進んだところを開きます。するとねじのデータベースの画面に行くので、データベース左上の「新規サイズ追加」をクリックし、各項目を入力していきます。注意点として「一致する名前」の欄にはエラーを回避するため、スペースを1個入力してください。

次に「標準プロパティ > ねじ山データ」をクリックして、ねじ山のデータベースに切り替えます。そして、データベース左上の「新規サイズ追加」をクリックし、各項目を入力していきます。「シリーズ」の欄には先ほどと同じくスペースを1個入力してください。ここまで入力できたらウィンドウ左上の保存マークをクリックし、ウィンドウを閉じます。これにて設定完了です。

この穴データを使用する際は、穴ウィザードのコマンドを実行し、プロパティ欄の「規格」を先ほど作成した規格名に変更して、穴の仕様のサイズを選択すればOKです。

図3.5.1 穴ウィザードのデータコピーの方法

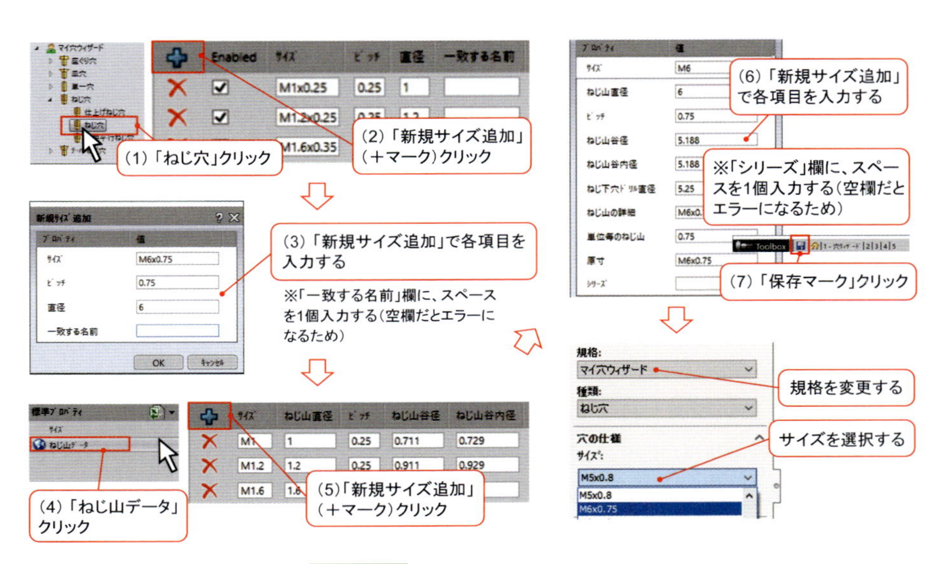

図3.5.2 穴データの追加方法

3-6 溝のモデリング

プレートに対して複雑な形状のアリ溝のモデルを作成するには「スイープカット」というコマンドを使用していきます。

まずはスケッチ平面に対して、溝のパス（経路）をスケッチしていきます。このとき、角や隅の部分はフィレットをかけておきます。続いて「フィーチャータブ > 参照ジオメトリ > 平面」をクリックします。先ほど描いたパスのスケッチに垂直で、かつパス上に原点がある平面を作りたいので、第一参照にパス上の点を、第二参照にパスの線をクリックします。平面が作成されたら、平面上にアリ溝の断面形状をスケッチしていきます。この際、ボディを非表示にすると画面が見やすくなります。スケッチが終わったら非表示のボディを表示に切り替え「フィーチャータブ > スイープカット」をクリックします。プロパティの「輪郭とパス」でアリ溝の断面形状とパスをそれぞれクリックし、左上の緑のチェックマークをクリックします。最後にアリ溝の角や隅にフィレットをつければ完成です。

● 複雑なカム溝の作成方法

ストレートのカム溝は「スロット」を使ってスケッチを描き、押し出しカットで作成可能です。しかし、途中で角度が付くようなカム溝はスロットでは作成できません。溝の外形に沿って線を描くとスケッチが複雑になるため、設計変更の際に修正が煩雑になります。複雑なカム溝の簡単な作成方法を紹介します。

まずカム溝を作成したい面にスケッチ平面を設定し、**カム溝の中心線**を直線で作成します。直線は作図線（または作図ジオメトリ）に設定しないのがポイントです。その後スケッチを終了し「フィーチャータブ > 押し出しカット」で先ほどのスケッチを選択します。プロパティで「方向1」で奥行方向のカット寸法を入力し、「薄板フィーチャー」にチェック、ドロップダウンは「両側に等しく押し出し」を選択、寸法はカム溝の幅を入力し、左上の緑のチェックマークをクリックします。最後に必要な箇所にフィレットを付ければ完成です。

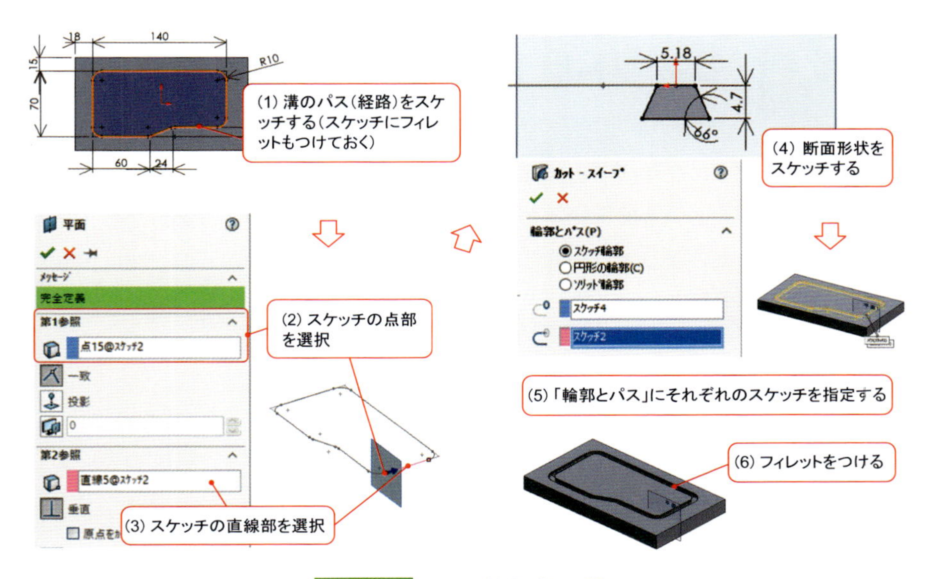

図3.6.1 アリ溝作成の手順

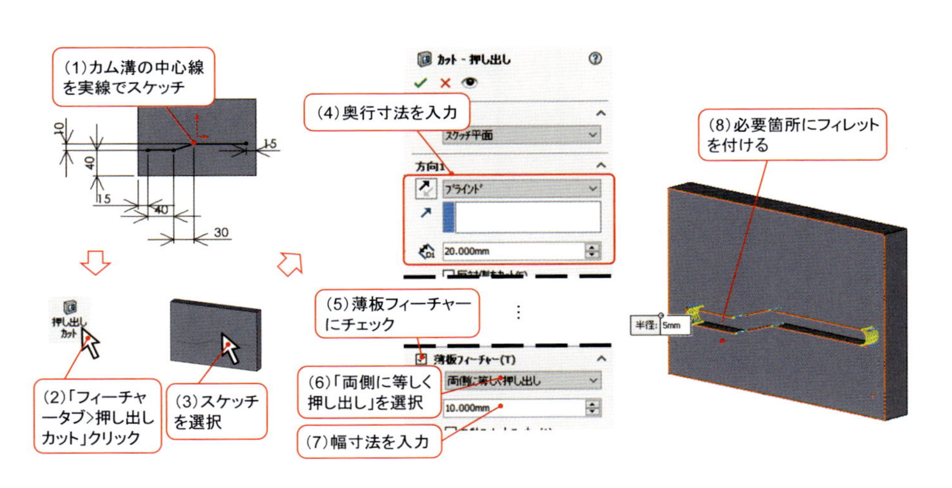

図3.6.2 カム溝作成の手順

3-7 軸もの（1）：シャフトは基本径から作成する

シャフトのモデルを作成する手順として「フィーチャーはベース形状や重要箇所から作成する」という原則に基づくと、まずは基本径にあたる部分からフィーチャーを作成するのがセオリーです。基本径の部分は以下のように、設計の観点から重要な箇所であるためです。

- シャフトの剛性を考慮して直径が決定される
- コンベヤ搬送時の接線方向の速度を考慮して決定される
- シャフトを装置に組み込む際の取り付けピッチなどを考慮して決定される

たとえば両端一段ずつの段付きシャフトであれば、真ん中の径の部分から作成すると、長い目で見てモデル作成が効率的になります。

● 基本径以外の部分はフィーチャーを分ける

基本以外の部分、たとえばシャフトの軸端部などは、基本径とフィーチャーを完全に分けて作成してください。それは部品作成においては「**フィーチャーは機能ごとに分ける**」という原則に従うことが基本だからです。次のページにあるような段付きシャフトの場合、基本径のフィーチャーを作成した後に、基本径の端部の面から軸端部のフィーチャーを作成すればよいでしょう。

逆に「まずシャフトの全長を押し出しでフィーチャー作成した後に、端部を旋盤で削るようにして軸端部をカットで作成する」というような作り方をしてしまうと、以下のようなモデル作成上の不都合がいくつか生じます。

- 「軸端部の部分をコンフィギュレーション設定し、抑制／抑制解除を切り替える」ことができなくなる
- ベアリングの取付けピッチが変更になった場合に、シャフト全長の寸法と軸端部の長さの両方をフィーチャー編集する必要があるため、修正に時

間がかかる

- 軸端部の長さ寸法だけを変更する場合も、軸端部の長さだけではなくシャフト全長もフィーチャー編集する必要があるため、修正に時間がかかる

仮に段のないシャフト（全長を通して同じ直径）であったとしても、場所によって機能が異なるのであればフィーチャーを分けた方が好ましいでしょう。

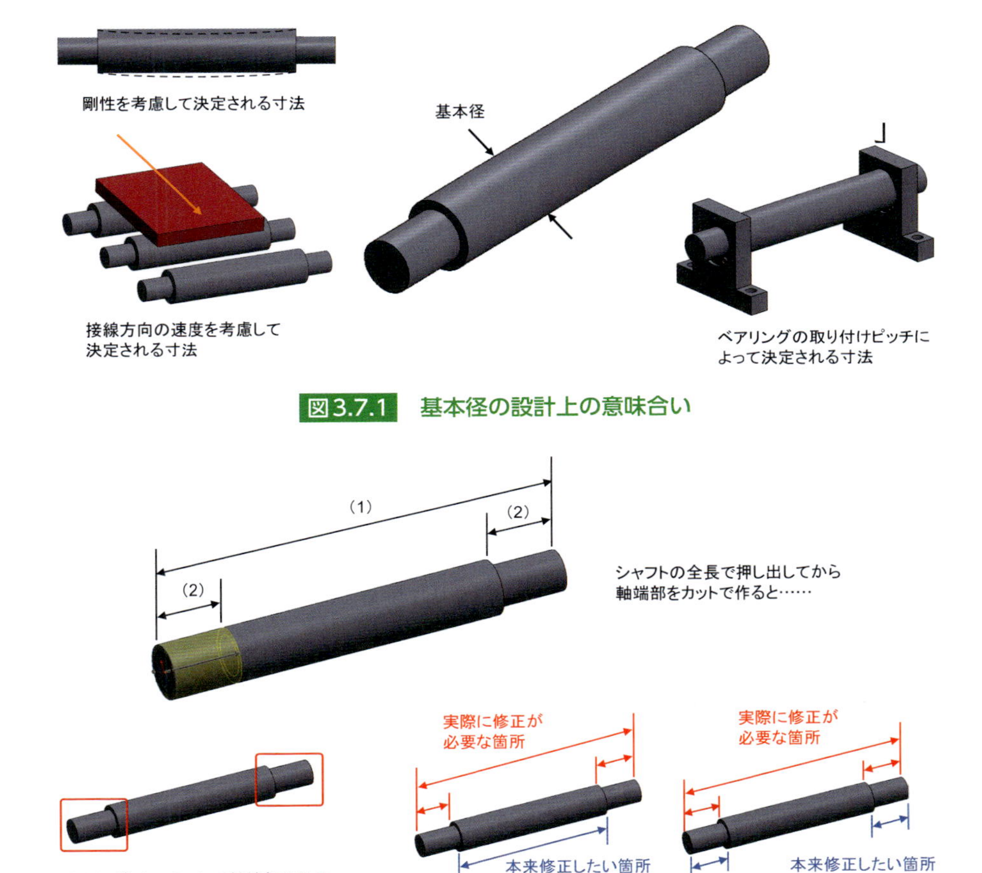

図3.7.1 基本径の設計上の意味合い

図3.7.2 好ましくないシャフトのモデル作成方法

3-8 軸もの（2）：「断面を一気に描いて360°回転で立体作成」はNG

軸ものの部品のモデリングをする場合、大きく分けると2種類のモデリング方法があります。一つは「機能ごとに分けて、押し出しボス/ベースで作っていく方法」、もう一つが「断面をスケッチで一気に描き、その後回転ボス/ベースで360°回転してフィーチャーを作成する方法」です。一見すると後者のほうが、作成するスケッチやフィーチャーの数が少なくて済むのでモデリングの効率がよいように思えます。しかし、このように断面を一気に描く作成方法はNGです。その理由は主に2つです。

1つ目は**フィーチャーがシャフトの機能別に分かれていないから**です。断面が一気に描かれていると、たとえば軸端部の穴にコンフィギュレーションを設定して、抑制/抑制解除を切り替えることなどができなくなります。そのため、軸端部の穴の表示/非表示を切り替えるたびに、断面のスケッチを書き直す事態になってしまいます。穴を円柱形状のフィーチャーで埋めたり、機能ごとにフィーチャーを分けたい箇所で「部品分割」をしたりすれば応急処置のようなことはできますが、無駄な履歴を抱えることになり、SOLIDWORKSの動作が重くなる原因にもつながりかねないので、やるべきではありません。

2つ目は**実際の設計手順に反しているから**です。そもそも断面を一気に描いてしまう方法は、その時点で断面の細部の形状が確定していなければスケッチを描くことができないはずです。しかし一般的に設計実務では、構想設計段階で大まかなモデリングをしてから、詳細設計で細部を作りこむという流れで行われるものです。構想設計段階では断面形状が確定しないため、設計実務の業務フローに反したモデル作成方法だとも言えます。「暫定でもいいから構想段階でもいったん断面形状を決める」ことも一応はできますが、そうすると「設計変更のたびにスケッチを描き直す」ことになり効率が低下します。

断面を一気描きする人が一定数いる理由は、図面の絵を見慣れているせいだと思われます。図面におけるシャフトは、中心軸に沿った断面図で描かれることも多いため、その絵を踏襲してスケッチを描いたり、図面を3Dデータ化したりする際に断面を一気描きするのだと思います。

しかし、ヒストリ系CADによる3Dデータのメリットを最大限に活かすためには「何でもいいから3Dの形状を作成すればよい」わけではなく、3Dデータの作り方も重要です。これらを踏まえると、私の経験上ですが「回転ボス/ベース」でフィーチャーを作成する場面はそこまで多くなりません。

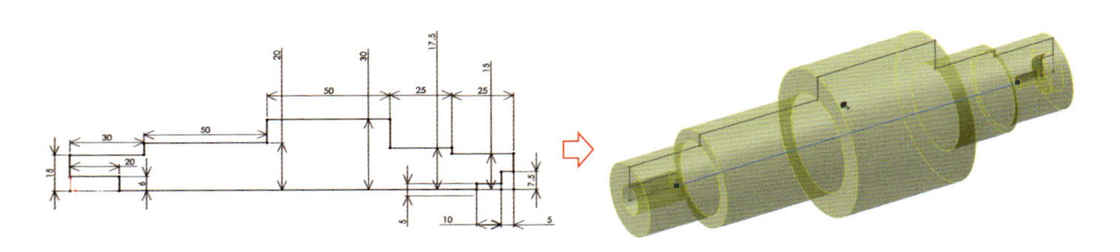

図3.8.1　断面を一気に描いて、回転ボス/ベースで作成するやり方

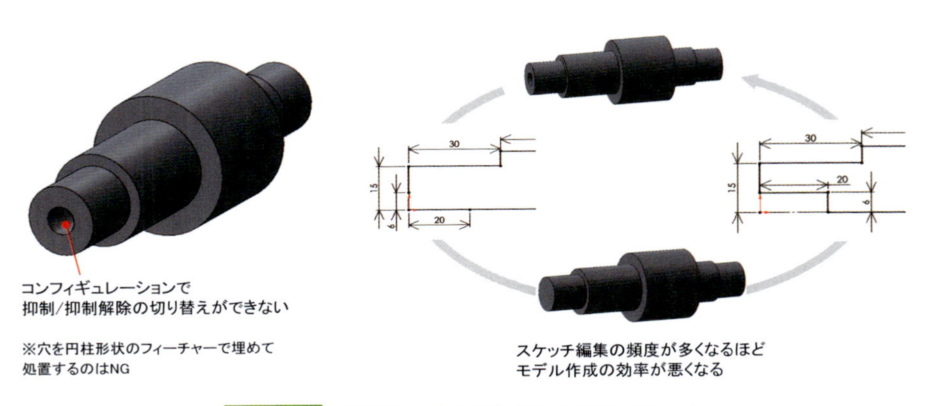

図3.8.2　断面を一気に描くことのデメリット

3-9 軸もの(3)：回転でフィーチャーを作成した方がいい例

実際の設計において回転系のコマンド（回転ボス/ベース、回転カット）の使用頻度は低いですが、なかには回転系のコマンドを使ったほうがよいケースがあります。

１つ目は「**くさび形状**」です。たとえばシャフトとギアを固定するためのシュパンリングという部品を設計する際、もっとも重要なのはこのくさび形状の部分です。この部分はくさびの長さや角度がくさびの基本性能に大きく影響するという、少々複雑な箇所になります。

このような箇所は「円筒フィーチャーを作成した後に面取りフィーチャーを作成する」より、「1つのスケッチで断面を描いて検討し、それを回転ボス/ベースでフィーチャー作成する」ほうがやりやすい場合があります。

２つ目は「**シャフトやハウジング上の溝**」です。これはたとえば、以下のような形状が該当します。

- **スナップリングの溝**
- **Oリングの溝**
- **オイルシールの溝**

こういった溝の形状はJISやメーカーのカタログで推奨寸法が決められており、そのほとんどが「溝を断面で見たときの寸法」で説明されています。そのため、断面をスケッチしているほうが検図がしやすくなります。

ここで溝形状のスケッチを描く際のちょっとしたコツを紹介します。1つ目はスケッチを描く際に「ワイヤーフレームをON」にすることです。ONにしておくと既存のフィーチャーが透明になるので画面が見やすくなります。2つ目は回転カットの際に「一時的な軸を表示をON」にすることです。ONにしておくと円筒の中心軸付近にマウスカーソルを近づけるだけで自動的に軸が表示されます。

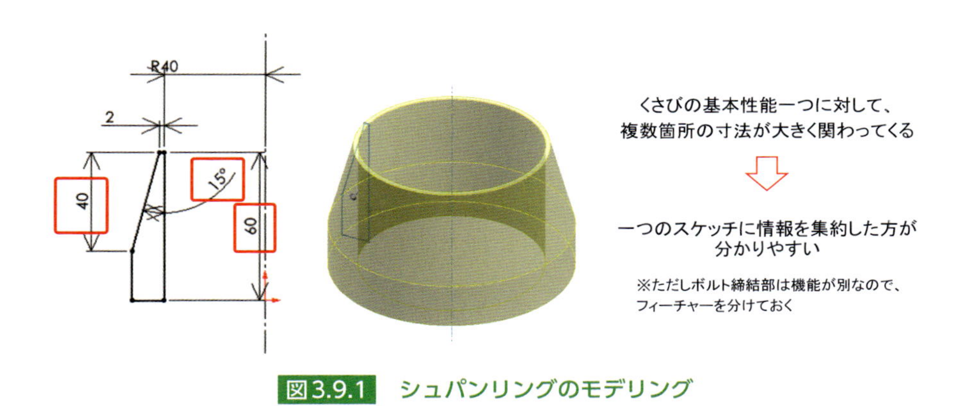

図3.9.1 シュパンリングのモデリング

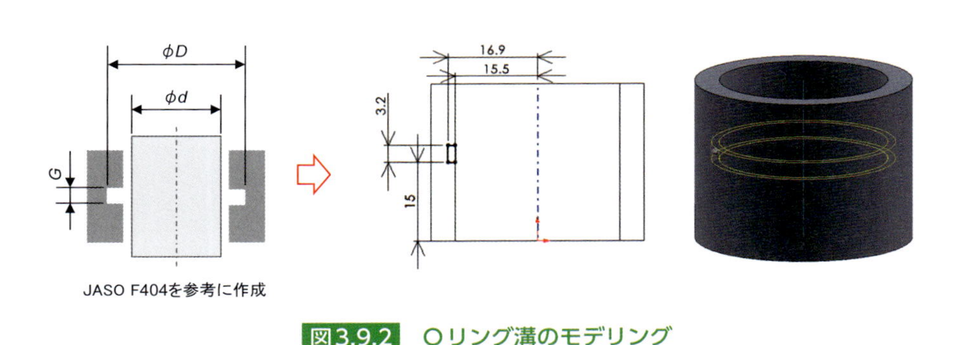

図3.9.2 Oリング溝のモデリング

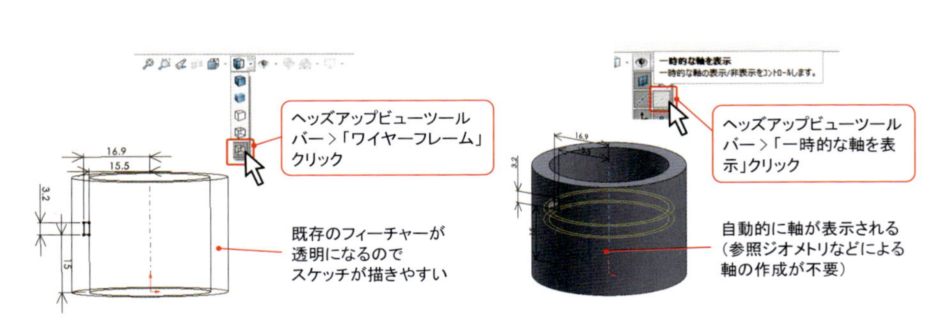

図3.9.3 溝形状のモデリングのコツ

3-10 軸もの (4)：おねじのモデリング

3Dプリンタでねじ部を作るなどの用途ではないならば、おねじはアノテートアイテムでの設定で十分です。まずはおねじにしたい部分を円柱形状でフィーチャー作成します。たとえばM8のおねじにしたいのであればφ8の円柱を作成します。次に「メニューバー ＞ 挿入 ＞ アノテートアイテム ＞ ねじ山」をクリックします。そしてプロパティの「ねじ山設定」のところで、ねじ先端に相当する部分のエッジを選択します。最後に作成するねじの長さに合わせて、全ねじの場合は「次サーフェスまで」、半ねじの場合は「ブラインド」を選択し長さ寸法を入力します。これで左上の緑のチェックマークをクリックすれば完了です。ここで作成したねじ山のアノテートアイテムは、ツリーの中の「ねじ山設定で指定したフィーチャー」を展開したところに追加されます。

アノテートアイテムの設定をしたとき、ねじの模様が表示されていない場合は、「ドキュメントプロパティ ＞ 詳細設定」の「シェイディングされたねじ山」にチェックを入れればOKです。ただし、この設定は今開いているファイルにしか反映されません。今後作成する部品ファイルにも設定を適用させたいのであれば、ドキュメントのテンプレートとして（16ページ参照）保存しておくのがよいでしょう。

● 実際のねじ山形状を作る方法

もし試作などの用途で3Dプリンタでねじ部を作りたい場合は、実際のねじ山形状を作る必要があります。まずおねじ部を円柱形状でフィーチャー作成したら「フィーチャータブ＞ 穴ウィザードの▼＞ ねじ山」をクリックします。すると「実生産用のねじ山には使用しないでください」という警告が出ますが、OKをクリックします。次にプロパティの「ねじ山の位置」のところで、ねじ先端に相当する部分のエッジを選択します。「押し出し状態」では、作成したいねじの長さに合わせて適宜選択・設定します。「仕様」のところはメートルねじであれば種類で「Metric Die」を選択し、サイズは作成したいねじ径のものを選びます。最後に左上の緑のチェックマークをクリックすれば完了です。

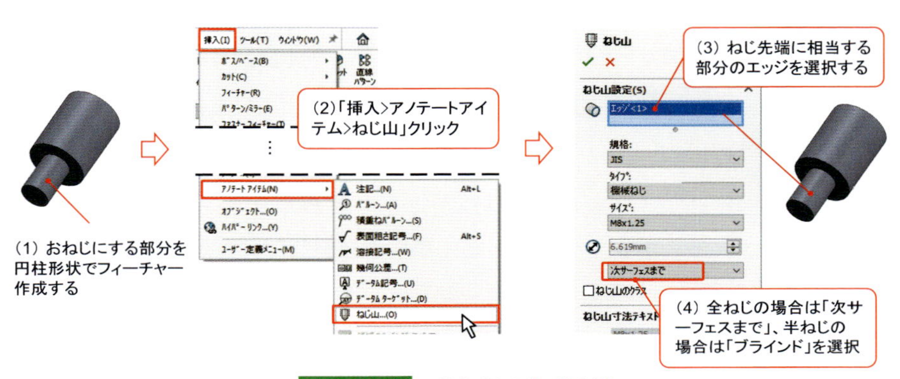

図3.10.1　おねじの作成方法

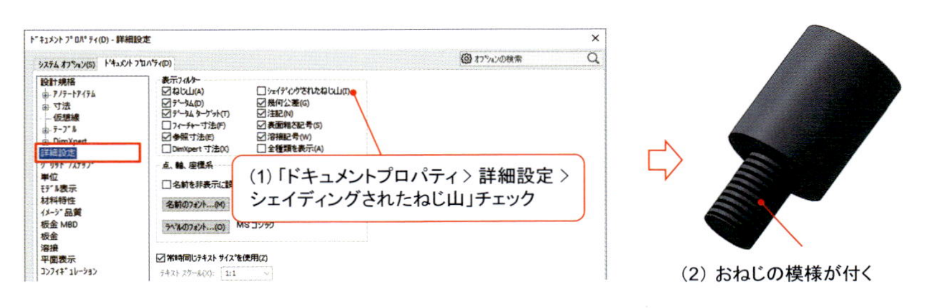

図3.10.2　おねじの模様を表示する設定方法

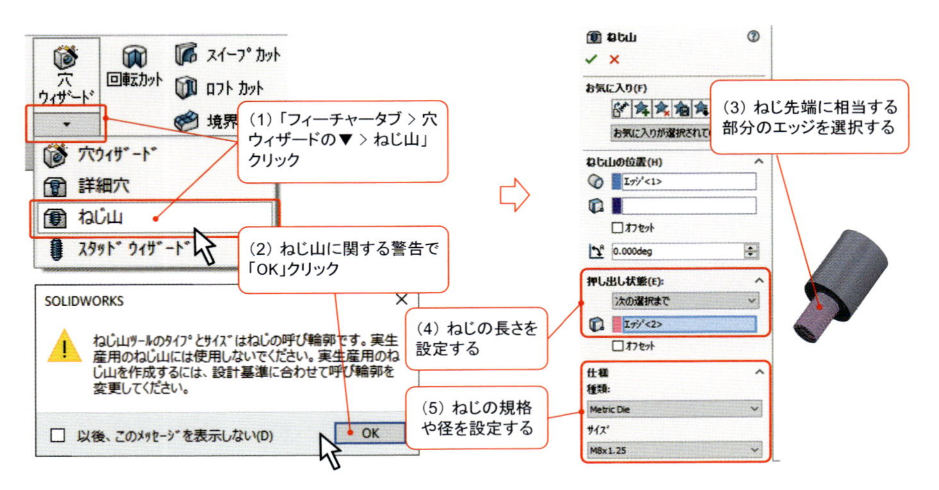

図3.10.3　おねじの形状の作成方法

3-11 板金（1）：フィーチャー作成は基本「シェル」を使う

板金部品をモデリングする時は「シェル」を使うことをおすすめします。「シェル」とは、あらかじめ作成した立体から不必要な部分を**厚さが均一になるようにくりぬく**コマンドです。本来「シェル」は板金専用のコマンドではありませんが、板金部品の3Dモデルはどの箇所も同じ板厚になりますから、板金部品のモデリングとの相性がよいのです。

箱曲げの部品を例として手順を説明します。まずは作成したい部品と同じ外形になるような直方体のフィーチャーを作成します。次に「フィーチャータブ > シェル」をクリックします。プロパティが開いたら、板圧と開放面（くりぬく面）を選択し、緑のチェックマークをクリックします。続いて「板金タブ > 板金に変換」をクリックし、プロパティで「板金パラメータ」の下の欄で底面を選択します。「ベンドエッジ」では曲げ加工される箇所のエッジをすべて選択します。最後に「コーナーデフォルト」で、フランジ同士が隣接する部分のコーナー部の処理方法を選択し、緑のチェックマークをクリックすれば完了です。

今回は箱曲げの部品を例にあげましたが、シェルコマンド内での開放面の選択の仕方によって、コの字曲げやL字曲げにもできます。さらに板金に変換をしたことで、板金タブのコマンド全般（エッジフランジなど）を使用できます。これらを駆使すれば、Z曲げやハット曲げの部品も作成できます。

SOLIDWORKSにある程度触れたことある人は「板金部品なんだから、最初から板金タブを使ってスケッチ・フィーチャー作成をするほうがよいのでは？」と疑問に思うでしょう。確かに、その方法でも板金部品を作成できます。しかし、最初から板金タブを使った部品作成にはデメリットがあります。それは「ある程度詳細形状が分からないとモデリングできない」点です。たとえば構想設計段階では、「部品のおおまかな大きさ」と「取付面」があれば十分なので直方体でも問題ありません。L字曲げにするか、コの字曲げにするかの判断は、詳細設計の段階で検討をすればよいのです。最初から板金タブで作成すると、その段階から板金の曲げ方やコーナー部の切欠きなどを作成しなくてはなりません。また、形状変更も結構な手間がかかるのでおすすめしません。

シェルを使った作成方法は、箱曲げに近い形であるほど効果を発揮します。一方でL字曲げのような簡単な形状の部品だと「板金タブから作成したほうが早い」という人も、「L字の板金ブラケットでもシェルコマンドから作成するべきである」という人もいますので、設計者によって意見が分かれるところです。これについては、モデル作業者のやりやすいほうでよいと思います。

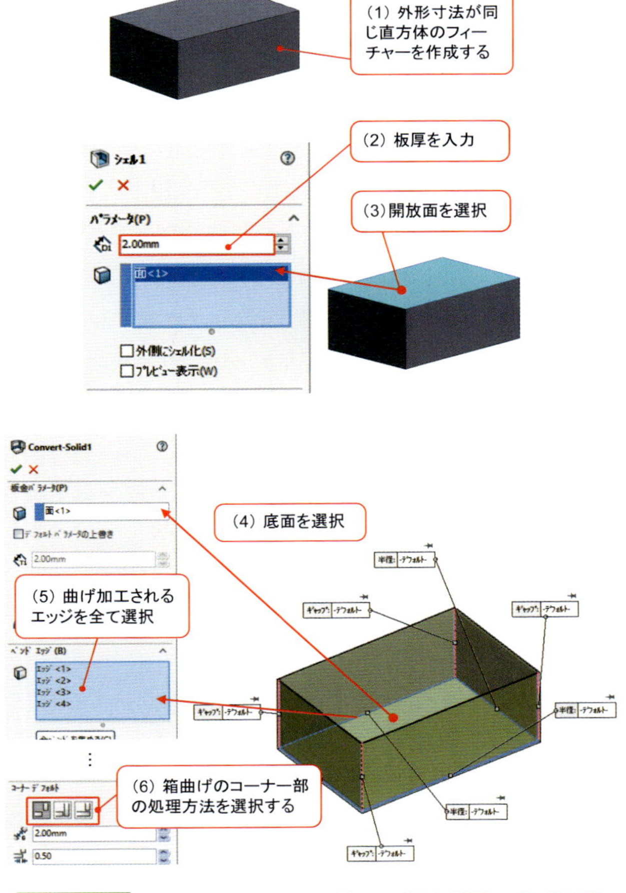

図3.11.1　シェルコマンドを使った板金部品の作成方法

3-12 板金 (2)：フランジを作成する方法

作成済みの板金モデル（板金タブでフィーチャーを作成したもの、あるいは「板金タブ > 板金に変換」を実行したもの）の端部からさらにフランジを作成したい場合、便利な方法が２つあります。

１つ目は「**エッジフランジ**」を使う方法です。このコマンドをクリックしたら、フランジ形成時に内Ｒになるエッジを選択してきます。デフォルトでは曲げ角は90°となっていますが、この数値は変更可能です。もし曲げることによりコーナが干渉するような場合には、それぞれのフランジコーナ部を自動的に45°に切欠いて（これを「とめつぎ」と言います）干渉を回避してくれます。また、とめつぎ部のクリアランス量も指定可能です。

２つ目の方法は「**とめつぎフランジ**」を使う方法です。「エッジフランジ」とは違い、「とめつぎフランジ」ではスケッチの形状に合わせてフランジを作成します。ですので、既存のエンティティを参照しながら曲げたり、複雑な形状に曲げたりできます。やりかたは「とめつぎフランジ」のコマンドをクリックしたのち、フランジを形成させたい部分のエッジを選択します。すると、スケッチの画面が開くのでスケッチを作成します。スケッチを完了させるとフィーチャーの作成画面に移るので、先ほどのスケッチとフランジを作成したいエッジとを選択し、左上の緑チェックをクリックすれば作成完了です。

とめつぎフランジは、１つのスケッチで複数のエッジからフランジを作成できます。しかしそのためには、フランジを形成させたい箇所同士が連続的に繋がっている必要があります。たとえば箱曲げの端部はフランジ形成部同士がコーナの切り欠きによって断絶しているので「とめつぎフランジ」のコマンド１回で作成することはできません。

コマンド名は「とめつぎフランジ」ですが、本書の例のようにとめつぎ以外の用途にも使用可能ですので、積極的に使用してみてください。

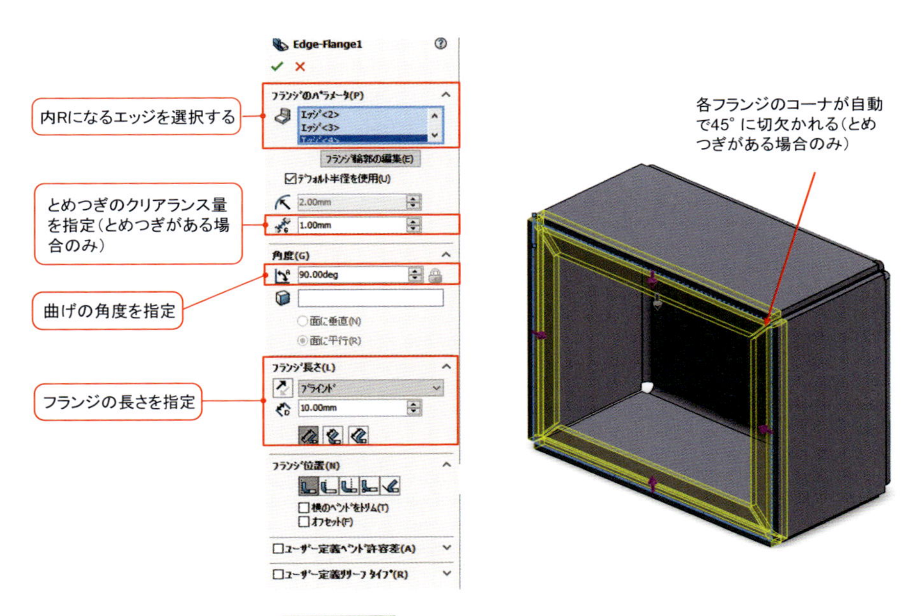

図3.12.1　エッジフランジの使い方

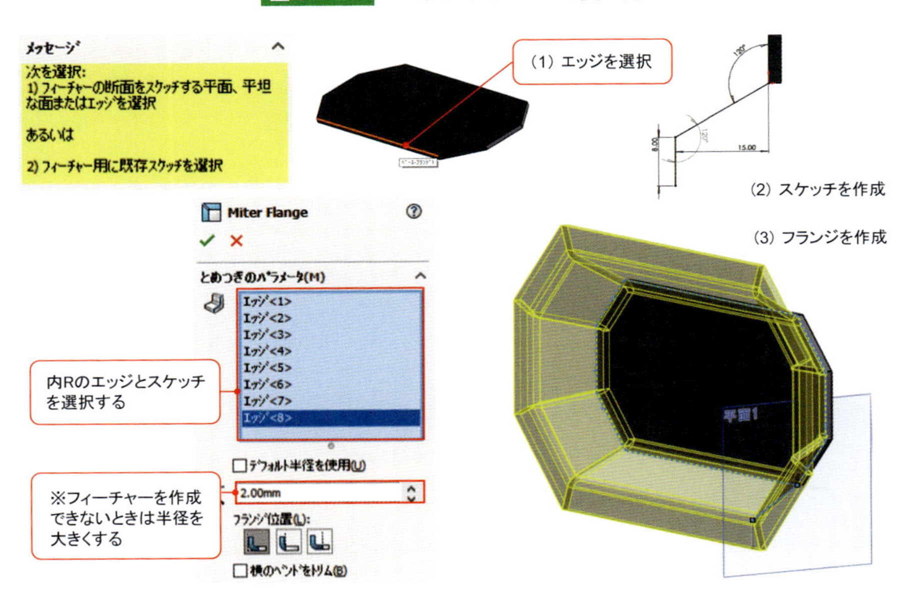

図3.12.2　とめつぎフランジの使い方

3-13 製缶部品（1）：部材ごとにボディを分ける

設計している部品が複数の部材を溶接したようなものの場合、モデルで表現する際は、**各部材を別々のボディとして作成**します。部材ごとにボディが分かれていないと、他の人がモデルを見た際に「この部品は削り出しなのか、溶接部品なのか。溶接部品だとしたらどこで部材が分割されているのか？」が一目で判断できなくなるためです。

例として、図のようなT字ブラケットのモデリングで見ていきましょう。まず部材（1）のフィーチャーを押し出しボス/ベースで作成します。続いて部材（2）のフィーチャーを押し出しボス/ベースで作成しますが、この際に「結果のマージ」のチェックボックスを外して、左上の緑のチェックをクリックすれば完了です。

● すでにマージされているモデルを分割するには？

本来は各部材を別々のボディとして作成したいにも関わらず、それがマージされてしまっている場合の対処法を解説します。フィーチャー作成の履歴が残っているのであれば、フィーチャー編集で「結果のマージ」のチェックを外せば完了なのですが、中間ファイルからインポートしてきた部品などでは履歴が削除されてしまっていることもあります。そのようなときは分割する際に「部品分割」というコマンドを使っていきます。

まずは分割をしたい箇所に「参照ジオメトリ ＞ 平面を作成する」か「スケッチを作成する（直線１本は不可）」かのいずれかを行います（分割面としてすでに作成済みのフィーチャーの面を使用する場合、この操作は不要です）。次に「メニューバー ＞ 挿入 ＞ フィーチャー ＞ 部品分割」をクリックします。このときファイルのテンプレートを選択する画面が出たら、適切なテンプレートを選択します。続いてプロパティの「トリムツール」の箇所で、分割面として使用する平面かスケッチを選択し「部品のカット」をクリックします。グラフィック領域内で作成可能なボディが表示されるので、その中から分割したいボディをクリックします（逆に分割したくない部分はクリックしません）。最後に「カットボディを吸収」のチェックを外します。これで左上の緑のチェックをクリックすれば、ボディの分割が完了します。

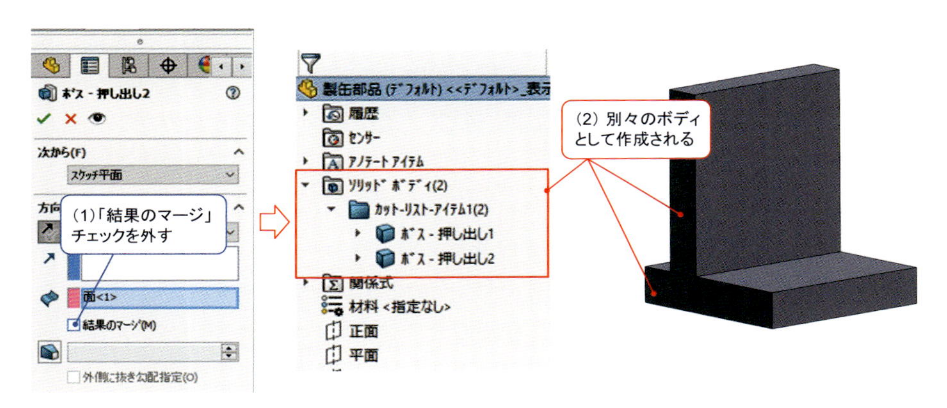

図3.13.1　別ボディとしてフィーチャーを作成する方法

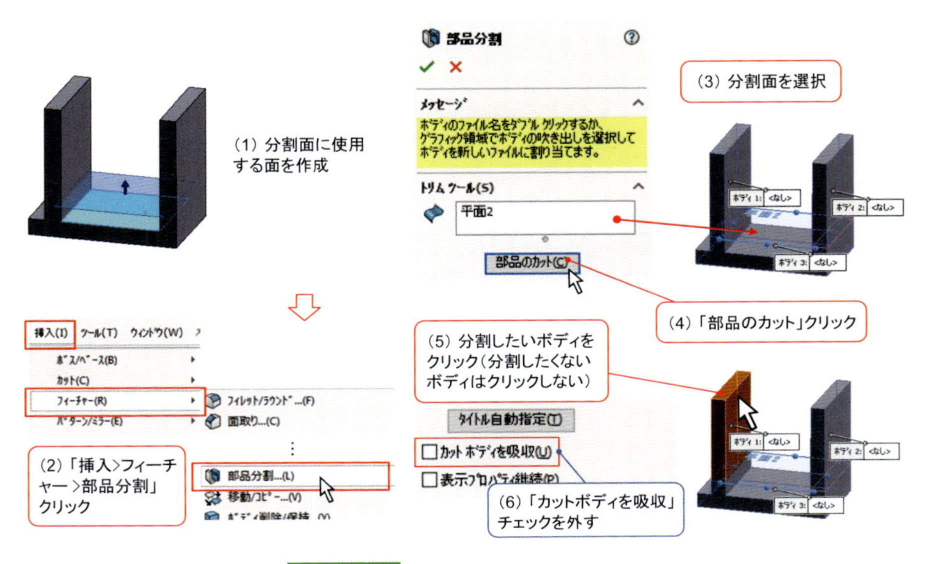

図3.13.2　ボディを分割する方法

3-14 製缶部品(2):溶接部品・カシメ部品は部品内に挿入しよう

部品にナットを溶接する、カシメるといった設計をモデルで表現する場合、アセンブリでナットを合致するという形でも一応は可能です。しかしそれよりも、**部品ファイルの中にナットを含めて単一のファイルとしてしまった方がファイルの管理がしやすくなります。**

まず「メニューバー > 挿入 > 部品」をクリックします。すると「開く」のウィンドウが出るので(出ない場合はプロパティの「参照」をクリック)、その中から挿入したいナットのモデルを探し、「開く」をクリックします。グラフィック領域内にて部品を挿入できる状態になるので(ならない場合はプロパティの「移動/コピー機能で部品配置」にチェックを入れる)、いったん適当な場所に挿入します。すると「部品を配置」のプロパティが表示されるので、合致を使って挿入部品を適切な位置に配置します。これで挿入部品をボディとして挿入できます。

● 複数箇所に同じ部品を挿入する方法

挿入したい部品の箇所が複数ある場合、何度も部品挿入のコマンドを実行するのはとても煩雑です。その場合に便利なのが「スケッチ駆動パターン」というコマンドです。

まずは前述した方法で挿入する部品を1つ、適切な位置に配置します。次に挿入する箇所の穴の中心にスケッチで点を作成し(すでに部品が挿入されている箇所は、点のスケッチは不要)、スケッチを終了します。次に「フィーチャータブ > スケッチ駆動パターン」を選択します。プロパティの「選択アイテム」を指定する箇所には、先ほど描いた点を指定します。また、プロパティの「ボディ」にチェックを入れ、ボディを指定する箇所で挿入した部品を指定します。このような手順で、他の箇所に一括で部品を挿入できます。

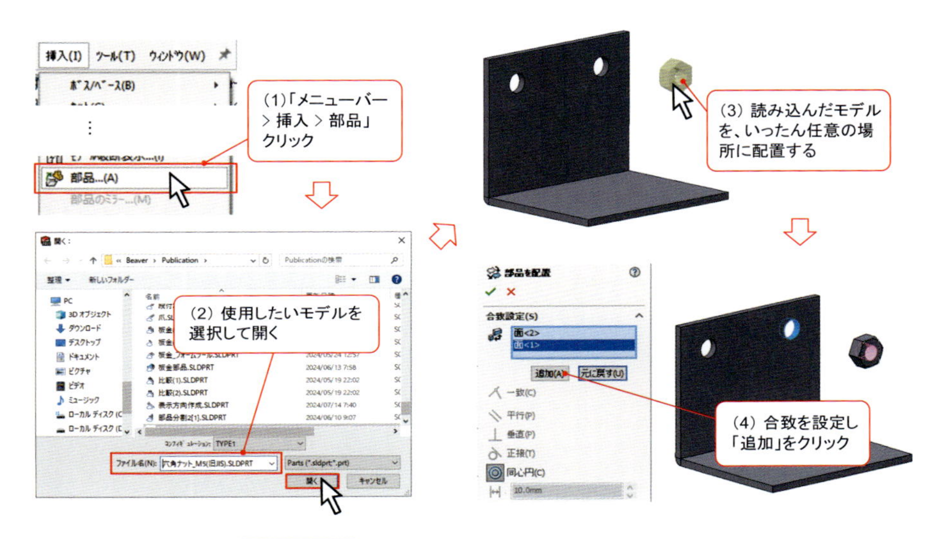

図3.14.1　溶接部品・カシメ部品の挿入方法

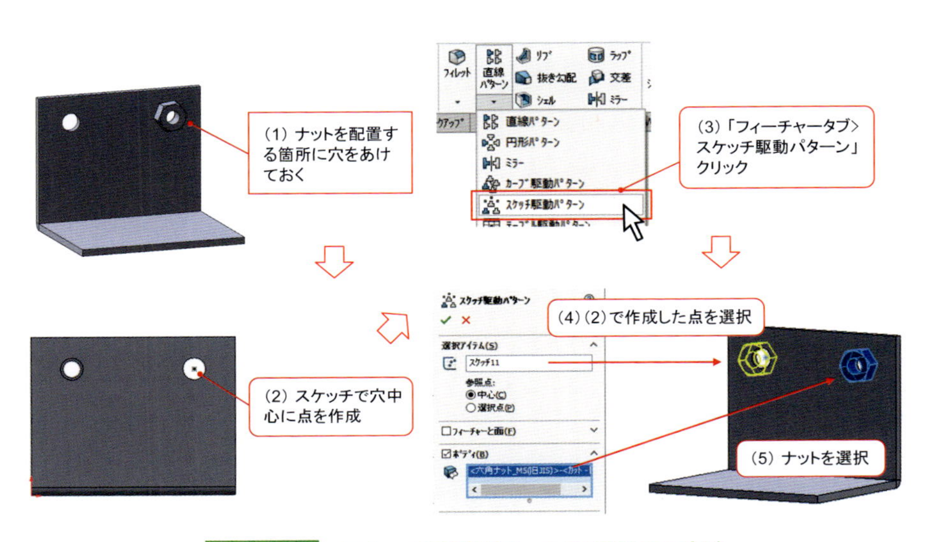

図3.14.2　スケッチ駆動パターンを使用する方法

3-15 製缶部品(3)：ボディを部品ファイルとして保存するには?

溶接構造の部品を部材ごとに別々のボディとしてフィーチャーを作成したあと「加工の関係で、部材ごとに部品ファイルとして分けておきたい」という場合があります。SOLIDWORKSにはこれを実現できるコマンドが用意されています。それが「**新規部品に挿入**」です。

まずはツリーの中の「ソリッドボディ > カット-リスト-アイテム」を展開します。その中で部品ファイル化したいボディの上で「右クリック > 新規部品に挿入」をクリックします。次にプロパティの「...」をクリックし、保存先の指定とファイル名の入力を行います。最後に左上の緑のチェックをクリックすれば、最初に選択したボディを部品ファイルとして切り出すことができます。

●「新規部品に挿入」コマンドの注意点

「新規部品に挿入」はトップダウン設計のような感覚で使えるように見えて便利なのですが、注意点があります。**スケッチ編集やフィーチャー編集をする際は、元ファイルで行う必要がある**点です。「新規部品に挿入」を実行して部品ファイルとして切り出したとしても、切り出し前の部品ファイルが親、切り出し後の部品ファイルが子という関係が維持されます。たとえば「親」のファイル内でフィーチャー編集をして保存すると、自動的に「子」のファイルにも変更が反映されます。しかし、「子」のファイル内で編集をしても「親」のファイルには反映されません。そのため必ず親ファイル内で編集作業を行う必要があります。

また、子の部品ファイルは親の履歴を参照しています。そのため親のファイルを削除したり、エクスプローラ上で名前の変更やファイルの移動を行ったりすると、子の部品ファイルを開いたときにエラーが出ます。エラーが出ても子の部品ファイルを開ける場合もありますが、親の履歴を参照できないため、切り出し前の時点でのスケッチやフィーチャー編集ができなくなります。もし、「新規部品の挿入」コマンドによる部品ファイル間の親子関係が煩わしいと感じる場合は、最初から別の部品ファイルで作成するほうがよいでしょう。

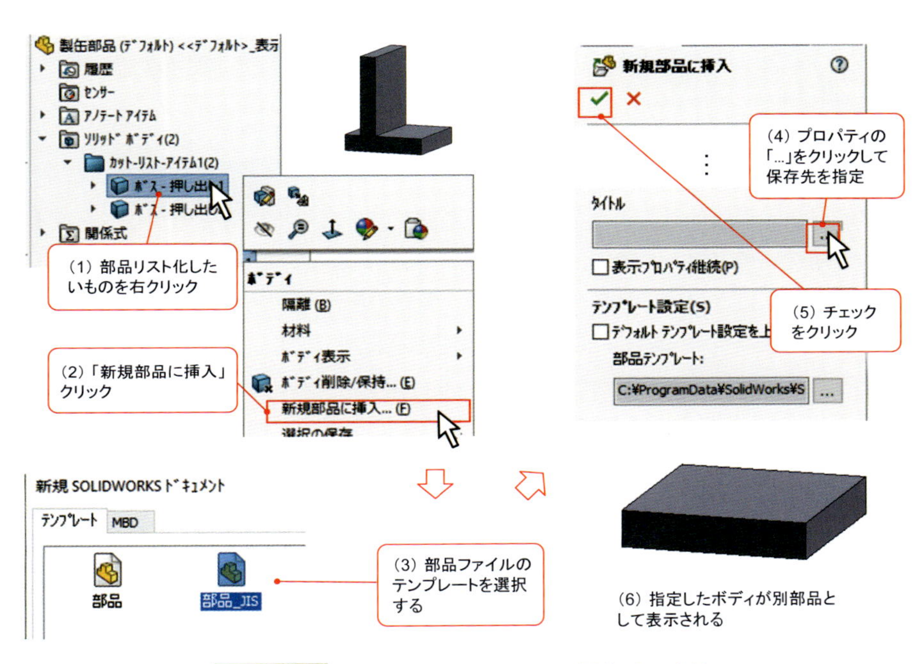

図3.15.1 ボディを別部品として保存する方法

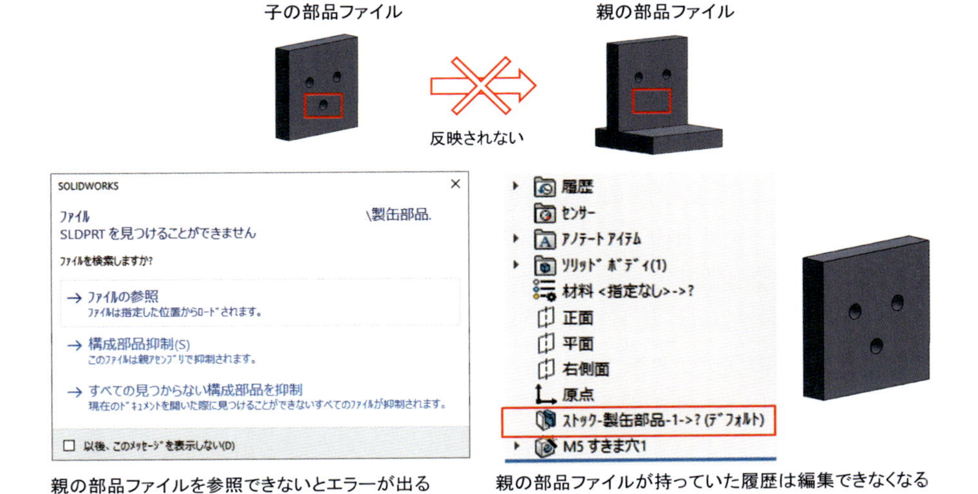

図3.15.2 「新規部品に挿入」コマンドの注意点

3-16 製缶部品（4）：製缶架台は「鋼材レイアウト」を使うと便利

生産設備の架台などのような、複数の形鋼を使った溶接構造をモデリングする際は「**鋼材レイアウト**」のコマンドを使うと便利です。

まずは「溶接タブ > 3Dスケッチ」で、鋼材の配置や寸法を線で作成します。続いて「溶接タブ > 鋼材レイアウト」をクリックします。そして「選択アイテム」で作成したい鋼材の種類やサイズを選びます。「グループ」では先ほど作成した3Dスケッチを選択します。状況に合わせて左下の「輪郭をミラー」や「角度の入力値」を調整します。また、作成したい鋼材の向きごとにグループ分けをするために「新規グループ」作成のコマンドも駆使しながら作成していきます。

● ユーザー定義の輪郭を追加するには？

デフォルトでも、鋼材レイアウトで指定できる断面の輪郭がある程度用意されています。しかし角パイプ・丸パイプの輪郭や、ステンレスの形鋼の一部のサイズがありません。必要なものがないときに、自分で輪郭を作成しそれを鋼材レイアウトで呼び出せるようにできます。手順は以下のとおりです。

1. 新規部品を開き、追加したい輪郭をスケッチする。このスケッチの原点が鋼材レイアウトのパスと一致するので、それを考慮してスケッチします。その後スケッチを終了します。
2. ツリー上で先ほどのスケッチを選択した状態で、「ファイル > 指定保存」をクリックします。
3. ファイルの種類は「Lib Feat Part (*.sldlfp)」とし、ファイル名を付けます。このファイルを「weldment profiles」フォルダ内に新規フォルダを作成し（本書ではPipesフォルダを作成）、その中へ保存します（保存場所は「オプション > システムオプション > ファイルの検索 > 溶接輪郭」で確認できます）。

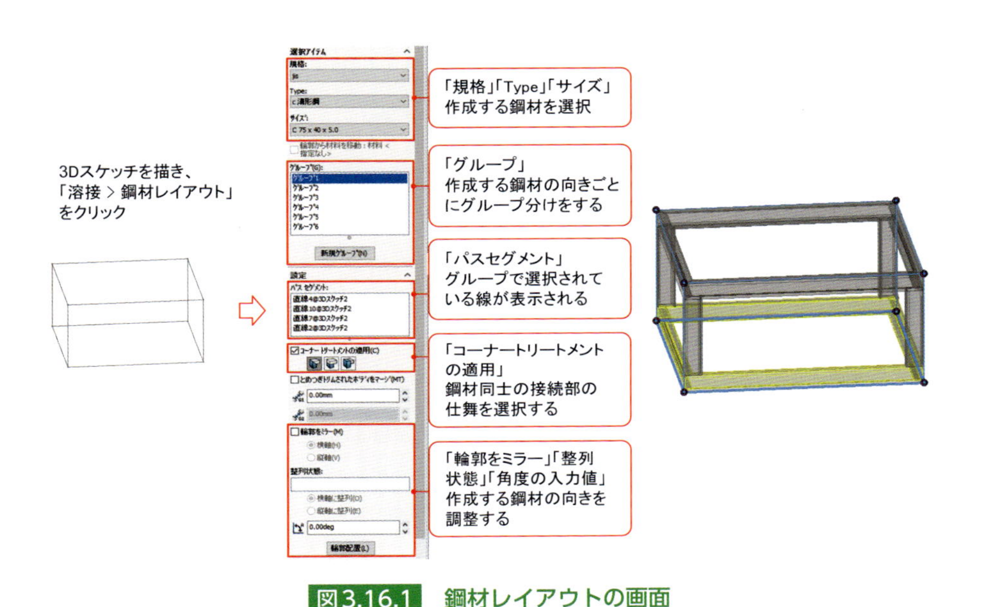

図3.16.1　鋼材レイアウトの画面

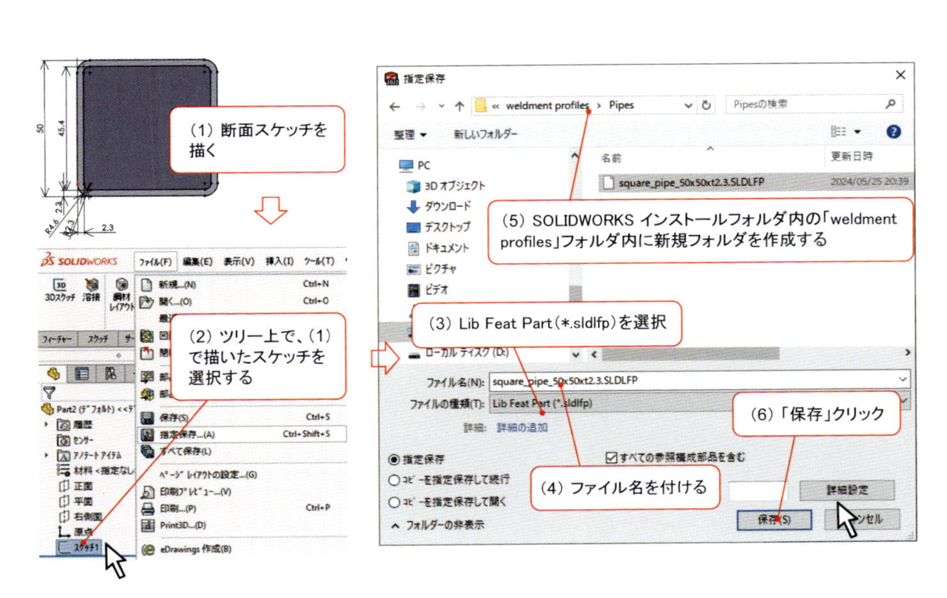

図3.16.2　ユーザー定義の輪郭の追加方法

3-17 製缶部品(5)：ダクトのモデリング

ダクトをモデリングするにはロフトベンドのコマンドを使用していきますが、このときちょっとしたコツが必要です。例として角丸ダクトのモデリングをしていきます。まずは角の端部・丸の端部の位置に平面を作りスケッチを作成していきますが、このときスケッチは**断面の半分だけ**にするのがポイントです。理由は、ロフトベンドは開いた輪郭のスケッチでないとフィーチャーを作成できない、つまり一発でダクトのフィーチャーを作成できないからです。

スケッチが終わったら「板金タブ >ロフトベンド」をクリックします。この画面の「輪郭」で先ほど作成した2つのスケッチを選択し、「パラメータ」には板厚（今回は6mm）を入力します。最後に「フィーチャータブ>ミラー」をクリックし、ミラーコピーすれば角丸ダクトの完成です。ミラーの際には「ミラーするボディ」の欄内で、先ほど作成した半分の角丸ダクトを選択するのがポイントです。

ダクトが円形であれば、スケッチはダクトの外形寸法で描けばOKです。しかし、角形のダクトの場合、特に板厚が厚い場合は、ロフトベンドでうまくフィーチャーを作成できない場合があります。その際はスケッチをダクトの内形寸法で描くようにし、かつ隅部にRをつける（R1など）をしましょう。ロフトベンドのコマンド実行時は、外側に向かってフィーチャーが形成されるようにすれば作成できます。

● ダクトの展開図

ダクトを板材からロール曲げと溶接で製作する想定の場合、製作上の都合でダクトの展開図が必要です。しかしダクトのように輪郭が閉じていると、展開図を作成できません。これを解決するために、まずはダクトの円周上のどこかに**微小なスリット**を作成します。次に「板金タブ > 板金」コマンドをクリックし、**内側のエッジ**を指定して実行します。最後に「板金タブ > 展開」コマンドを実行すれば、展開図の作成が完了です。

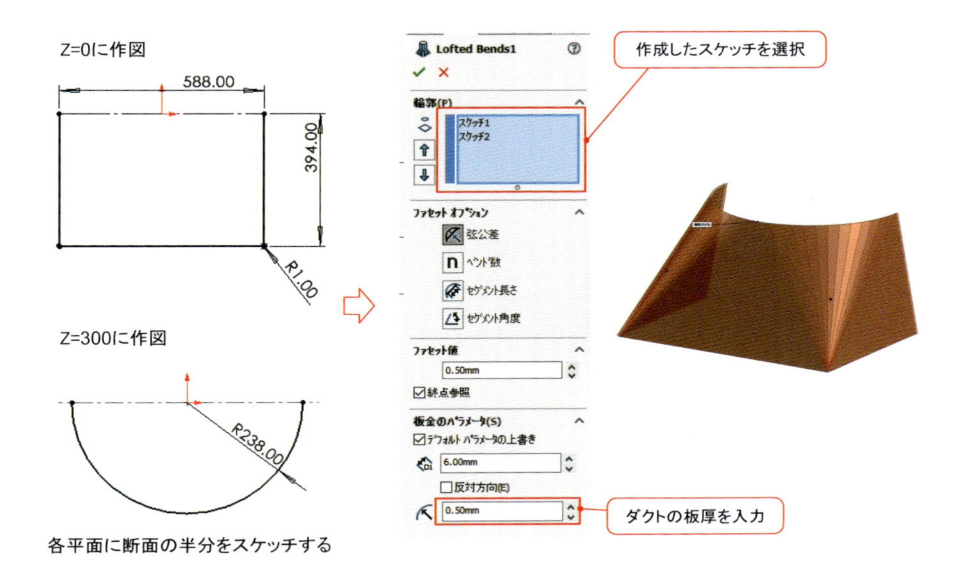

図3.17.1 ロフトベンドを使ったダクトモデリング

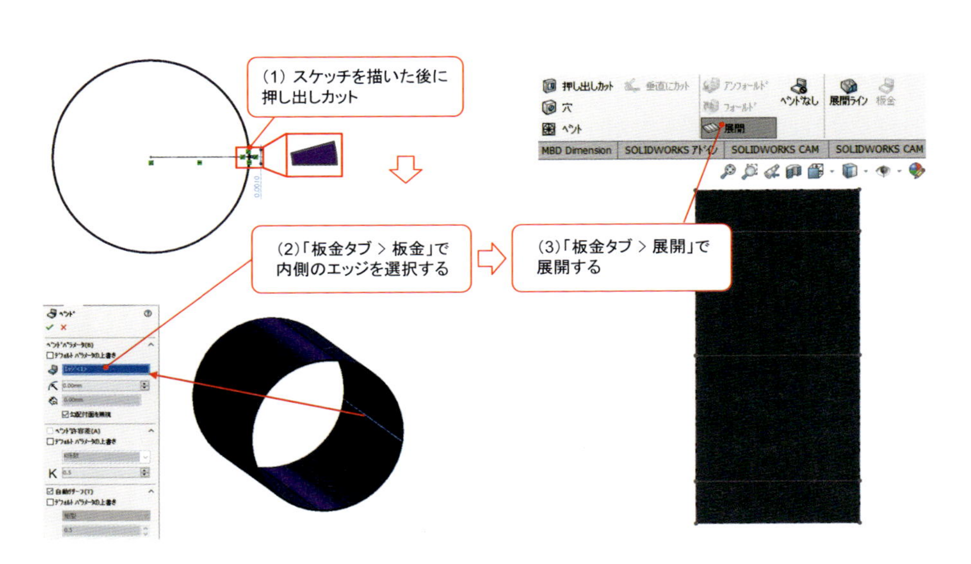

図3.17.2 ダクトの展開図作成

3-18 製缶部品(6):複雑な曲面に沿ったフィーチャー作成

製缶部品のモデルのなかには、単に「スケッチ作成→フィーチャー作成」という流れではモデル作成が困難なものがあります。たとえば、ロフト形状のホッパー側面に沿って部品を溶接するような構造を3Dで表現する場合、その部品の切断面が複雑な曲面形状となるため「押し出しカットで作成する」のが困難です。このような場合におけるテクニックを、リブ溶接を例に紹介していきます。手順は大きく分けて2つです。

● 手順1:曲面に沿ってボディを分割する

まずはホッパーを貫通するくらいの大きさでリブのフィーチャーを作成します。このときリブのフィーチャーは、ホッパーやフランジとは別のボディとして作成してください。次に「メニューバー> 挿入 > フィーチャー > 交差」をクリックします。交差のプロパティが開いたら、選択アイテムでホッパーとリブを選択し「交差する領域を作成」を選択し「交差」をクリックします。するとボディが分割されますので、ホッパー内にはみ出した部分を選択し、緑のチェックをクリックすれば曲面に沿ってボディを分割ができます。

● 手順2:余計に分割されたボディを加算する

手順1の操作だけでは、ホッパーとリブが交差する部分が余計にボディとして作成されてしまいます。そのため、このボディをホッパーへ加算する操作を行います。まず「メニューバー > 挿入 > フィーチャー > 組み合わせ」をクリックします。プロパティが開いたら「加算」を選択します。続いて「組み合わせるボディ」でホッパーと交差する部分のボディを選択し、緑のチェックをクリックすれば完了です。ツリーの「ソリッドボディ」を開き、ボディの数が「みなさんが想定している数」と「実際のモデルで作成されている数」とで合致していればOKです。

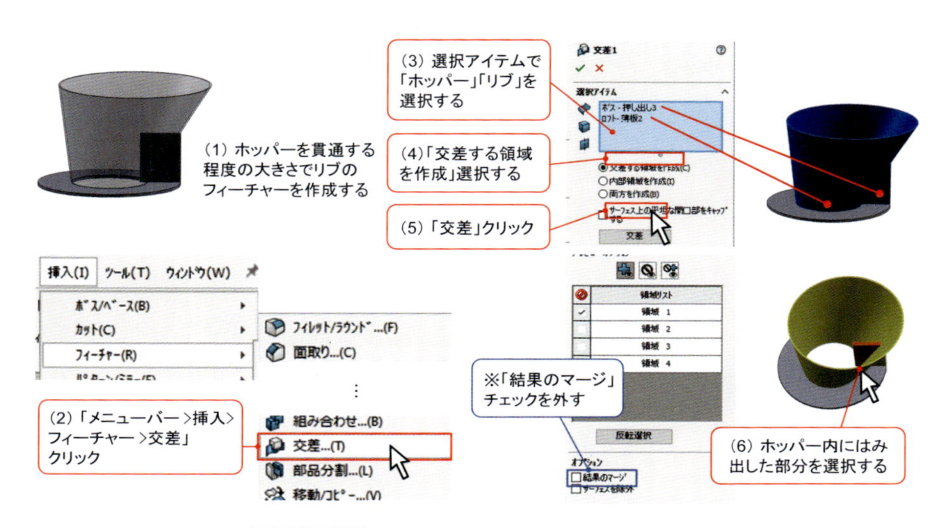

図3.18.1　曲面に沿ったボディの分割方法

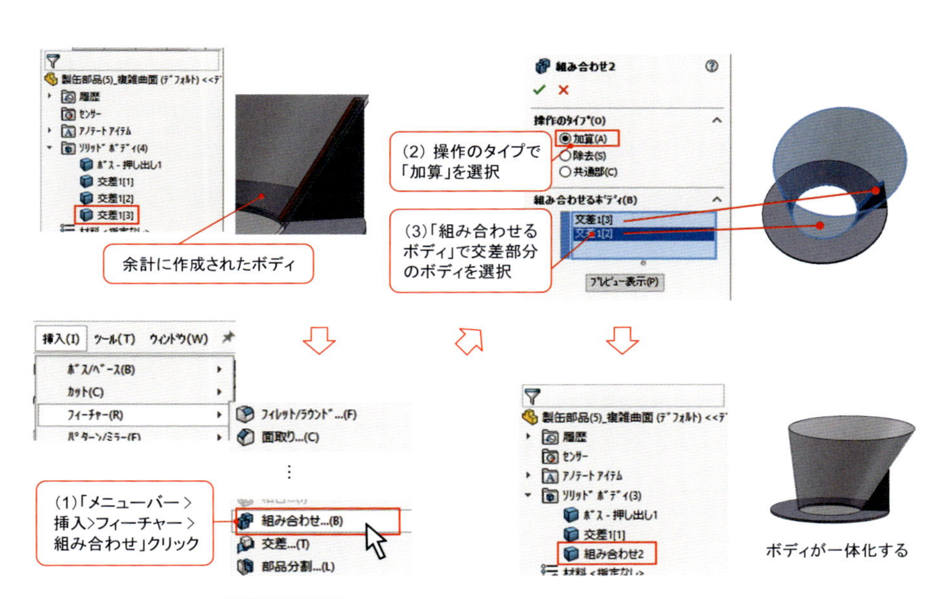

図3.18.2　余計に分割されたボディを加算する

3-19 フィレットや面取りを一括で入れる方法

フィレットや面取りを入れる際、エッジを一つ一つ探して選択しながら実行するのは煩雑ですし、選択の抜け漏れのリスクもあります。そのようなときには一括で入れる方法で実行してみましょう。

フィレットの場合、まずは「フィーチャータブ > フィレット」をクリックします。次にプロパティで「選択ツールバーを表示」にチェックが入っているのを確認し、フィレットの数値を入力します。その後、グラフィック領域内でフィレットを入れたいエッジを１つ選択します。すると近くに「選択ツールバー」が表示されます。そのツールバーの中から適したものを選択すれば、一括でフィレットを入れられます。選択ツールバーの挙動は次ページの図のとおりです。

面取りの場合も、**「同じくフィレットコマンドを使う」**というのがポイントです。まずは先ほどの手順と同様にフィレットを作成します。フィレットの半径を入力する際には、面取りの寸法を入力するようにしてください。フィレットのフィーチャーの作成が完了したら、ツリーから先ほどのフィレットの上で「右クリック > フィレットを面取りに変換」を選択します。プロパティが開くので、緑のチェックをクリックすれば面取りの作成は完了です。

面取り自体は「フィーチャータブ > 面取り」のコマンドを使って入れることも可能です。しかし、「面取りコマンド」では選択ツールバーによる一括選択ができません。そのため、フィレットコマンドを使って一括選択でフィレットとしてフィーチャーを作ってから、面取りに変換するというステップを踏みます。

フィレットコマンドを使った面取り作成では、非対称の面取りも作成可能です。ただし、長さ寸法の指定しかできません（たとえば片側が5mm、もう片側が10mmなど）。そのため特定の角度（たとえば15°）で面取りを指定したい場合には「フィーチャータブ > 面取り」のコマンドで面取りを作成します。

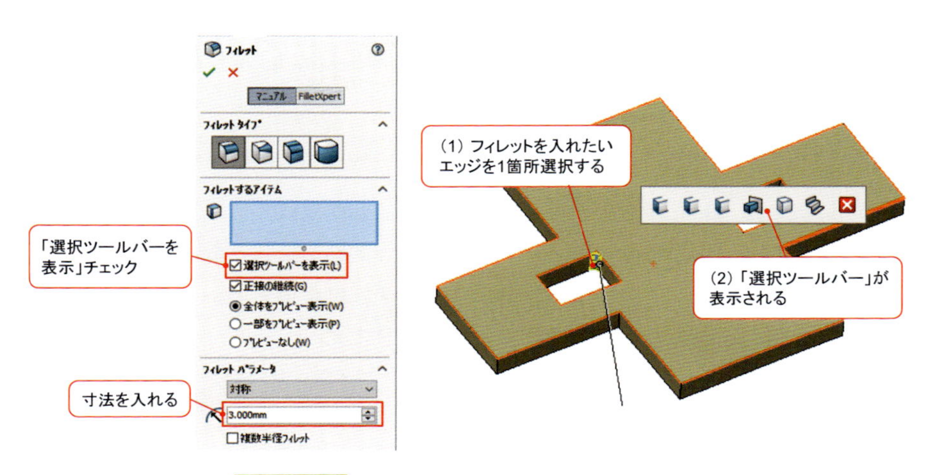

図3.19.1 フィレットを一括で選択する方法

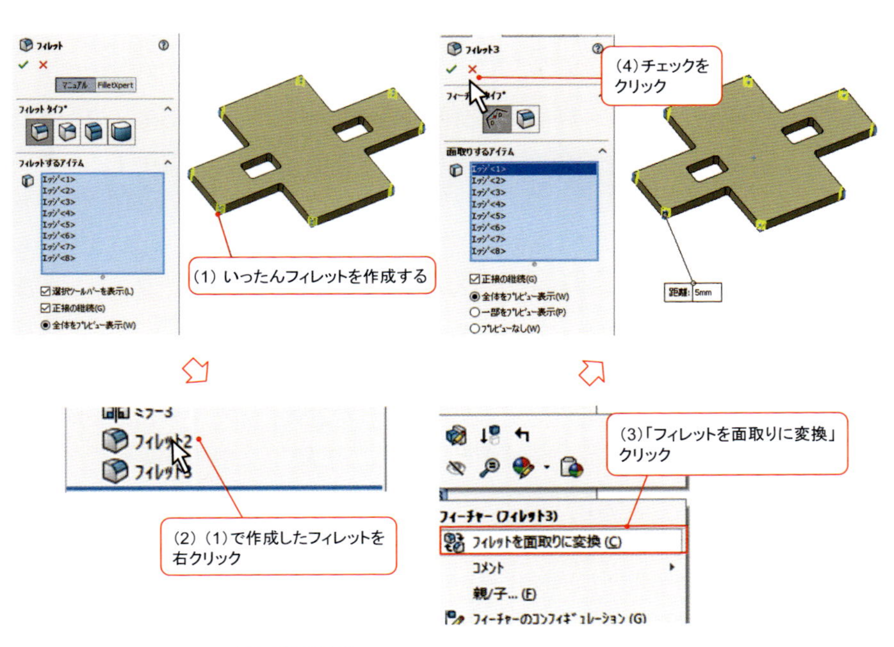

図3.19.3 面取りを一括で選択する方法

3-20 フィレットをうまく作成できないときは？

部品にフィレットを作成するときに「フィレット作成に失敗しました」というエラーが出たり、作成されたフィレットが想定していた形状と異なっていたりする場合があります。この問題に対して「これをすればよい」という決まった方法はないのですが、いくつか考えられる対策があります。

● エッジを個別に選択できないときは？

ある特定のエッジにだけフィレットをつけたいのに、他のエッジにもフィレットがついてしまい、うまくフィレットを作成できない時があります。その際は**「プロパティ > 正接の継続」をオフ**にすることで、うまくフィレットをつけられることがあります。

● Rが大きすぎてフィレットが作成できない場合は？

すでにフィレットを設定している箇所の付近で新たにフィレットを作成しようとすると、フィレットの半径が大きすぎて作成できないことがあります。この場合は、フィレットの順番を入れ替えてみましょう。「**FilletXpert**」という機能を使えば、順番を適切に入れ替えられます。「フィーチャータブ > フィレット」をクリックし、プロパティにある「FilletXpert」をクリックします。フィレットを設定するエッジとR寸法を入力し「適用」をクリックすると、自動で順番を入れ替えてくれます。なお、FilletXpertを使用せず、手動でツリーの順番を入れ替える方法でも可能です。基本的にフィレットは、**Rが大きい箇所から先に作成するとうまくいきやすい**ことを覚えておきましょう。

● 隅部が滑らかにならないときは？

エッジ同士が交わるような隅部において、各エッジで作成されたフィレットのRが異なる場合、隅部の形状が滑らかにならない場合があります。この場合は**1つのフィーチャーの中で複数のフィレットを作成**してみましょう。

まずはフィレットを削除した状態にしておき、「フィーチャータブ > フィレット」をクリックします。そしてプロパティの「複数半径フィレット」にチェックをいれ、フィレットをつけたいエッジをすべて選択します。するとグラフィック領域内にフィレット寸法の吹き出しが出るので、それをダブルクリックして正しいR寸法に変更し、緑のチェックをクリックすればOKです。

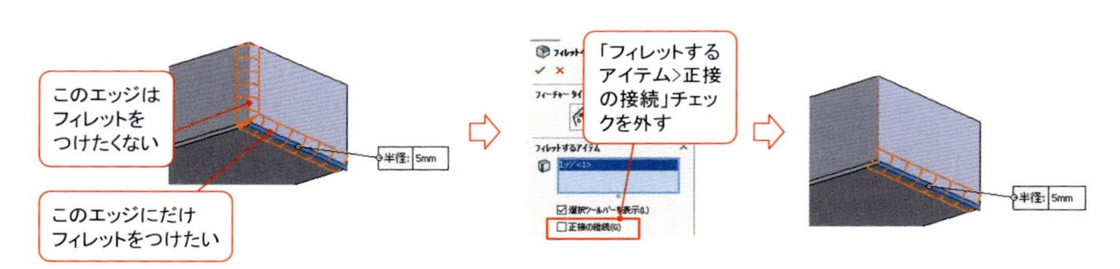

図3.20.1 「正接の継続」をオフにする方法

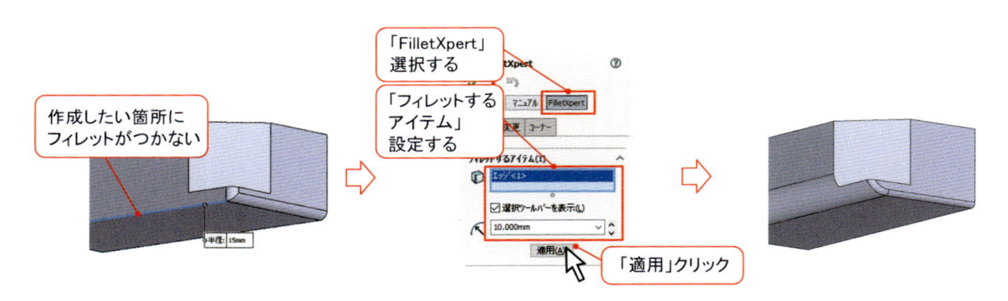

図3.20.2 フィレットの順番を入れ替える方法

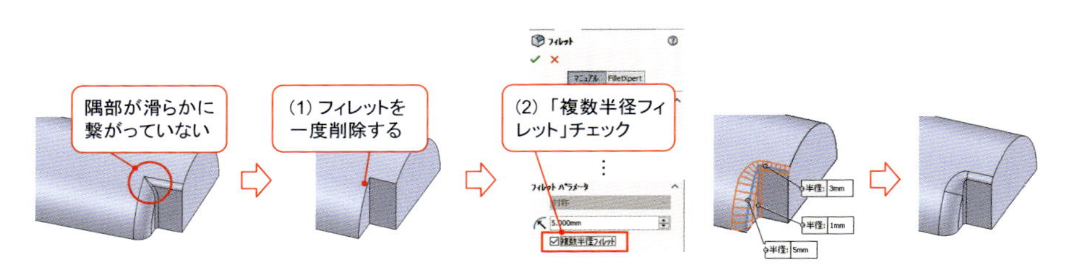

図3.20.3 隅部を滑らかにする

3-21 新旧モデルの変更点を確認する方法

パーツファイルのモデルを形状変更した場合に、旧モデルと新モデルとでどこがどのように形状変更になったのか判別するのが難しいケースがあります。そのようなときにSOLIDWORKSで変更箇所を表示するためのコマンドが**比較**です。

まず旧モデルと新モデルそれぞれのパーツファイルを開きます。その状態で「メニューバー > ツール > 比較 > ジオメトリ」をクリックします。すると画面右に「比較」の画面が出てきます。「参照ドキュメント」に比較の基準となるパーツファイルを、「変更したドキュメント」に比較するパーツファイルを指定し「比較を実行」をクリックします。すると画面が２つに分割され、右の欄には比較箇所の色分けのボタンが表示されます。おすすめは「④除去された材料」と「②追加された材料」の目玉マークをONにし、「①共通の体積」の目玉マークをOFFにする設定です。すると、両者のモデルの異なる部分をわかりやすく表示してくれるようになります。

● 同じファイルの２つのコンフィギュレーションで比較する方法

コンフィギュレーション同士でも比較することもできますが、少々コツが必要です。「メニューバー > ツール > 比較 > ジオメトリ」で右側に比較画面を出した後、「参照ドキュメント」を指定する際に「...」のボタンを押します。するとファイルを選択する画面が出てきますので、所定のファイルをクリックします（この際ダブルクリックや開くボタンを押してはいけません）。すると画面下の方に「コンフィギュレーション」のプルダウンが出てきますので、参照したいコンフィギュレーションをクリックし「開く」ボタンをクリックします。次に「変更したドキュメント」を選択する際にも同様の手順で行い、先ほどとは別のコンフィギュレーションを選択します。あとは「比較を実行」をクリックすればコンフィギュレーション同士での比較が可能となります。

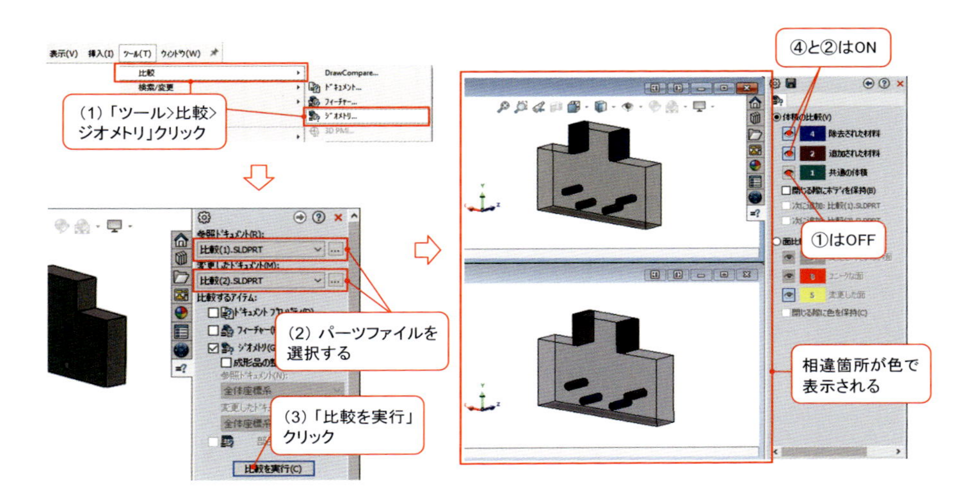

図3.21.1 ファイル同士の「比較」の使い方

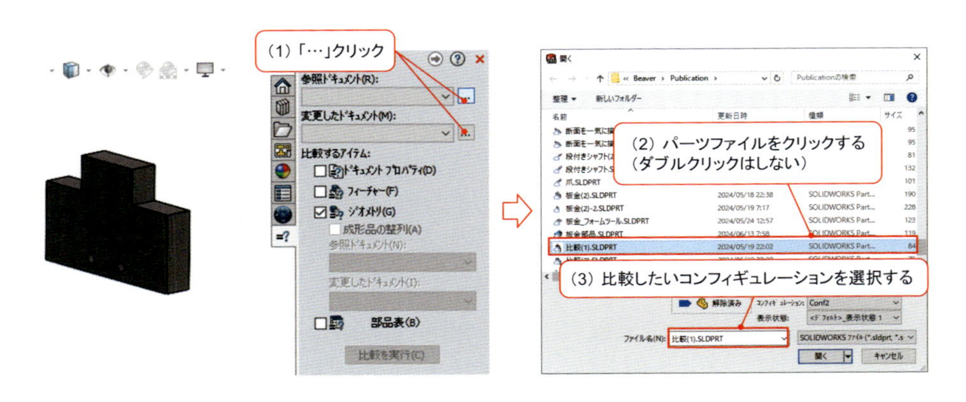

図3.21.2 コンフィギュレーション同士の「比較」の使い方

3-22 「加工工程と同じ順になるようにモデリング」する必要はない

3DCADのモデリング方法について「部品を加工する工程と同じ順になるようモデリングするのがよい」と主張する人がいます。しかし、この主張はヒストリー系CADを効果的に使いこなすうえでの本質を見誤っています。ヒストリー系CADの本質はあくまで「**ベース形状や重要箇所から作成すること**」と「**フィーチャーは機能ごとに分けること**」です。

たとえば「めねじ付きシャフト」のような形状の部品のモデリングを考えてみます。おそらく多くの人が「1. シャフトの径で押し出しボス/ベースをする、2. シャフトにめねじ穴のフィーチャーを作る、3. 面取り部のフィーチャーを作る」という順でモデリングすると思います。加工工程もおおよそこの手順なので、結果的に「加工工程と同じ順になる」ことはあります。

一方で「インロー付きのプレート」の場合はどうでしょう。これを加工工程と同じ順でモデリングすると、「1. 大きなブロックを押し出しボス/ベースで作成する、2. ボスの部分が残るように押し出しカットする、3. 穴のフィーチャーを作成する、4. 面取り部のフィーチャーを作成する」という順になります。

ところが、ここまでモデルを作成した後で「インローではなく、ノックピンで位置決めするように変更したい」となった場合どうなるでしょうか？ 2で作成した押し出しカットを削除または抑制し、1で作成した押し出しボス/ベースの寸法を変更し、ノック穴を追加するとします。しかし、修正作業はこれだけでは済みません。3で作成した穴は「2の押し出しカットした後の面に対してフィーチャーを作っている」ため、参照エラーが発生します。そのため、3で作成した穴も穴をあける面の修正が必要になります。こちらの場合は加工工程と同じ順になるようにモデリングした結果、修正箇所がかなり多くなってしまいます。

ヒストリー系CADの本質に沿ってモデル作成をしていれば、「1. ベース形状を押し出しボス/ベースで作る、2. インロー部を押し出しボス/ベースで作成する、3. 穴のフィーチャーを作成する、4. 面取り部のフィーチャーを作成する」という順になります。仮にインローからノック穴への修正が発生しても、2

を削除または抑制し、ノック穴を追加すれば完了ですので、非常に効率のよいモデリングが可能です。

図3.22.1 加工工程と同じになるモデリング例

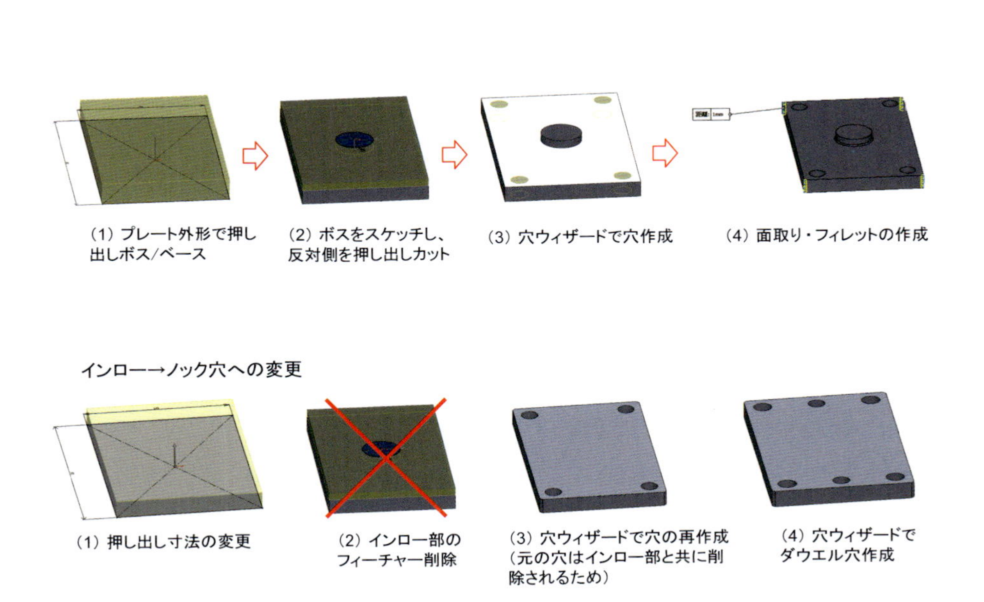

図3.22.2 加工工程と同じにするべきではないモデリング例

3-23 穴を別フィーチャーで埋めるのはNG

●「面 > 移動」コマンドは基本使用NG

「メニューバー > 挿入 > 面 > 移動」のコマンドを使うと、選択したフィーチャーの面をオフセットさせられます。しかし、基本的に**「面 > 移動」を部品設計で使うのはNG**です。

「面 > 移動」を実行すれば、その操作は履歴としてファイル内に蓄積されます。これによりファイルサイズが肥大化し、データ読み込み速度の低下を招きます。さらに「面 > 移動」した後に、その箇所を参照してスケッチ・フィーチャーを追加するとなると、フィーチャーの親子関係が複雑になり、その後のパーツモデル修正が非常に困難になります。イメージでいうと、糸がぐちゃぐちゃに絡まってしまったような状態に似ています。

おそらくこのコマンドは「設計用のモデル形状を加工・製造用に仕上げる」などを想定していると思われます。ただ、設計者の中でも「モデル修正する際に、履歴を遡ったり、該当のスケッチ・フィーチャーを探すのが面倒くさい」というかたがこのコマンドをよく好んで使っているという印象です。しかしこのような作業は本来、ロールバックバーで適切な履歴の位置に遡って修正したり、該当するスケッチ・フィーチャー編集で対応すべきです。そうしないと「ヒストリー系」という特徴が単なるデメリットと化してしまいます。同様の理由で、たとえば穴フィーチャーを埋めるために、円柱を作って配置するなどもNGです。

もし履歴の編集に手間がかかると感じるのであれば、そもそものモデルの作りかたを見直したほうがよいでしょう。「ベース形状や重要箇所から作成すること」と「フィーチャーは機能ごとに分ける」を意識して作り直したほうが、長い目で見ると効率的です。

● 親子関係の調べ方

履歴が複雑化してしまったパーツモデルを少しでも解消したい場合、各スケッチ・フィーチャーの親子関係を調べてみましょう。ツリー上の部品名で「右クリック > ダイナミック参照の可視化（親）（または（子））」をクリックし、調べたいスケッチやフィーチャーをツリー上でクリックすると、そのスケッチやフィーチャーの親子関係にあるものが矢印で表示されます。

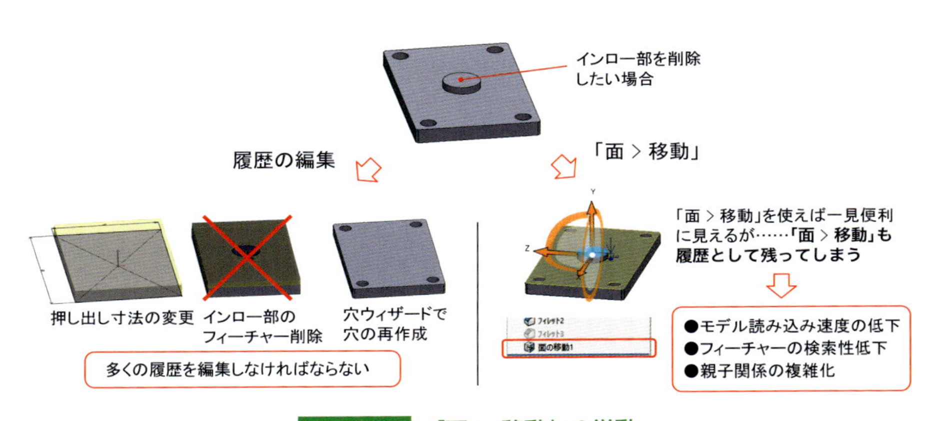

図3.23.1 「面 > 移動」の挙動

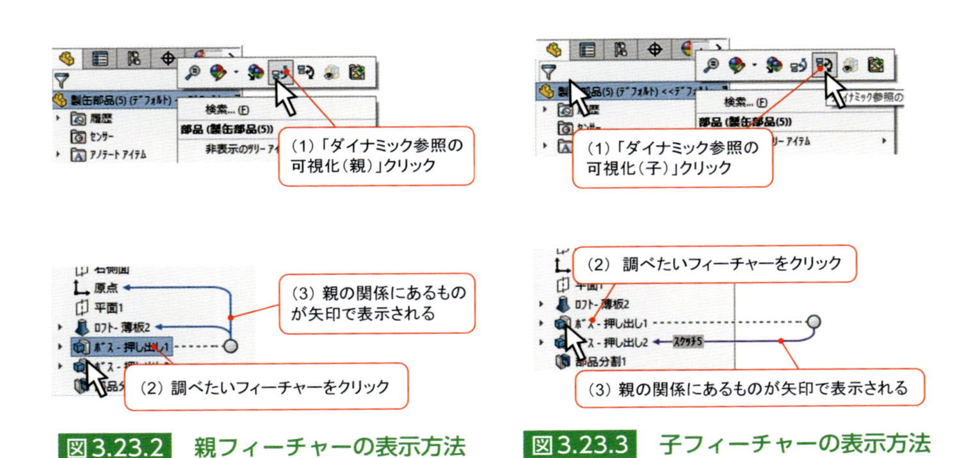

図3.23.2 親フィーチャーの表示方法

図3.23.3 子フィーチャーの表示方法

3-24 「ミラーやパターンなどを積極的に活用するべき」はホント?

3DCADのコツを教える講習で、よく「ミラーやパターンなどを積極的に活用すること」という話を聞きます。確かにミラーやパターンのコマンドは上手く使えれば便利ですが、「むやみに活用する」のはNGです。ミラーやパターンなどのコマンドは**設計変更に弱くなる場合があるから**です。

たとえば製缶のスタンドを作成する場合、上面・下面プレートをミラーで作成するのが便利に思えますが、そうすると片方のプレートだけ外形や穴位置を変更することができなくなります。また、1/4形状のスケッチを一気に描いて回転パターンを使うのも、切欠き部のコンフィギュレーションの設定ができなくなるのでよろしくありません。**基本的に機能が異なるフィーチャーを混在させるミラーやパターンはよくありません。**これらのコマンドを使うのであれば、同じ機能のフィーチャーに限定して使うことが望ましいです。

● 勝手違いの部品の作り方

左右の勝手違いの部品をモデリングする方法は大きく分けて2つあります。その一つが「アセンブリ内で、構成部品のミラーコマンドを実行」することですが、このコマンドを使うと、ミラー元部品と勝手違いの部品が同じ部品ファイルとして管理されてしまいます。「同じ部品ファイルとして管理して問題ない」という設計現場もありますが、加工業者さんの立場から考えると「加工ミスを誘発し、部品管理がしにくい」とおっしゃるかたも少なくありません。その場合には**「部品のミラー」**コマンドを使って勝手違いの部品を作成しましょう。

やり方は、まずミラー元の部品を作成し、ミラー平面となる面を選択します。次に「メニューバー > 挿入 > 部品のミラー」をクリックした後、部品ファイルのテンプレートを選択します。続いてプロパティの「変換」で必要なものにチェックを入れます。また「元の部品へのリンク解除」はチェックを外し、「元の部品から継続」にはチェックを入れます。最後に緑のチェックをクリックすれば、別ファイルでミラー部品の作成が完了します。

注意点として、部品のミラーで部品ファイルを作成したとき、ミラー元ファイルが「親」、ミラー先ファイルが「子」の関係になります。親のファイルの変更は子の部品にも自動で適用されますが、子のファイルの変更は親ファイルへは適用されませんので、**モデルの編集は親ファイルで行いましょう。**

A部品の取付部

B部品の取付部

片方のフィーチャーだけの外形・穴位置変更ができなくなる

1/4形状のスケッチを一気に描いて回転パターン

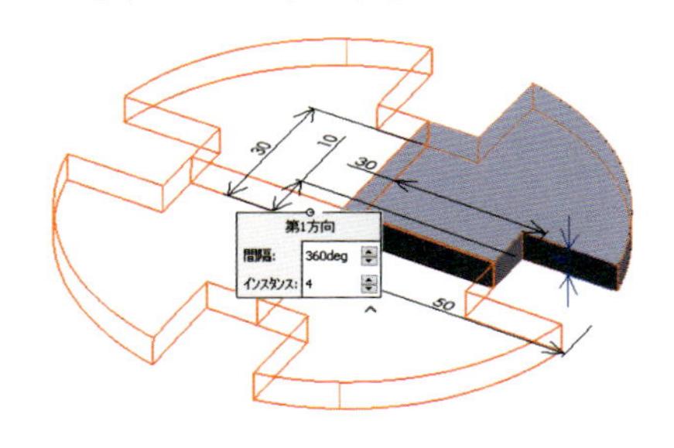

切欠き部のコンフィギュレーションが設定できなくなる

図3.24.1 ミラーやパターンの注意点

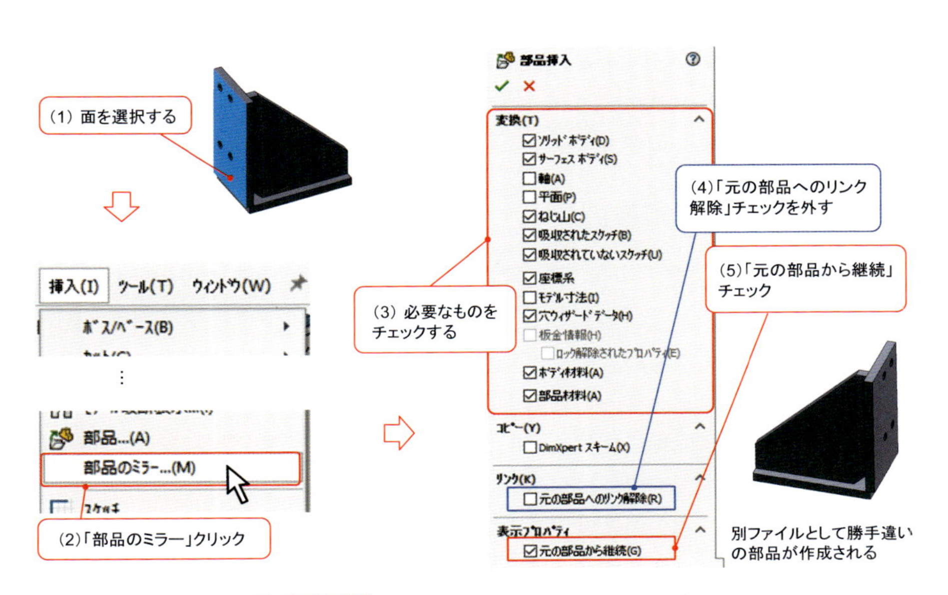

図3.24.2 勝手違いの部品のモデリング

3-25 測定のテクニック

作成したスケッチやモデルを測定するには「評価タブ > 測定」のコマンドを実行します。「測定」のウィンドウが表示されるので、たとえば「面と面との距離」を測定したい場合は、グラフィック領域のモデルの測定したい面を２箇所選択すればOKです。ただ、その他にも測定コマンドのテクニックがあります。

● 円筒面の測定

寸法コマンドでエンティティを選択する際、たとえばキリ穴の円筒面を２箇所そのまま選択をすると、穴の中心距離の寸法が表示されます。ここでもし「円筒面の内側同士の寸法を測りたい」もしくは「外側同士の寸法を測りたい」という場合には、モードを切り替えれば可能です。

内側同士の寸法を測るには、一度穴の中心距離を測定した状態で「中心距離」のプルダウンを選択し「最小距離」に切り替えます。あるいは、測定ウィンドウの左上にある「円弧/円の寸法」のアイコンをクリックし「最小距離」をクリックします。これで円筒面の内側同士の寸法を測定できます。「平面と円筒面の測定」でも同様の手順で可能です。

● 配線・配管長さの測定

主にアセンブリファイル内で使うと思いますが、測定コマンドを使えば、配線・配管の長さの合計を求められます。まずは3Dスケッチの直線で配線・配管のルートを描きます（おおよそで大丈夫です）。その後、先ほど描いた3Dスケッチをすべて選択します。すると選択された線の長さの合計が測定ウィンドウに表示されます。実際に配線や配管を手配するときには、この長さを目安として余長分を足した長さで手配すればOKです。

そのまま連続して別の箇所を測る場合は、直前に測定した面などが選択されたままの状態なので、うまく測定できません。直前に測定した面などの選択を解除するには、グラフィック領域の何もない箇所を１回クリックします。

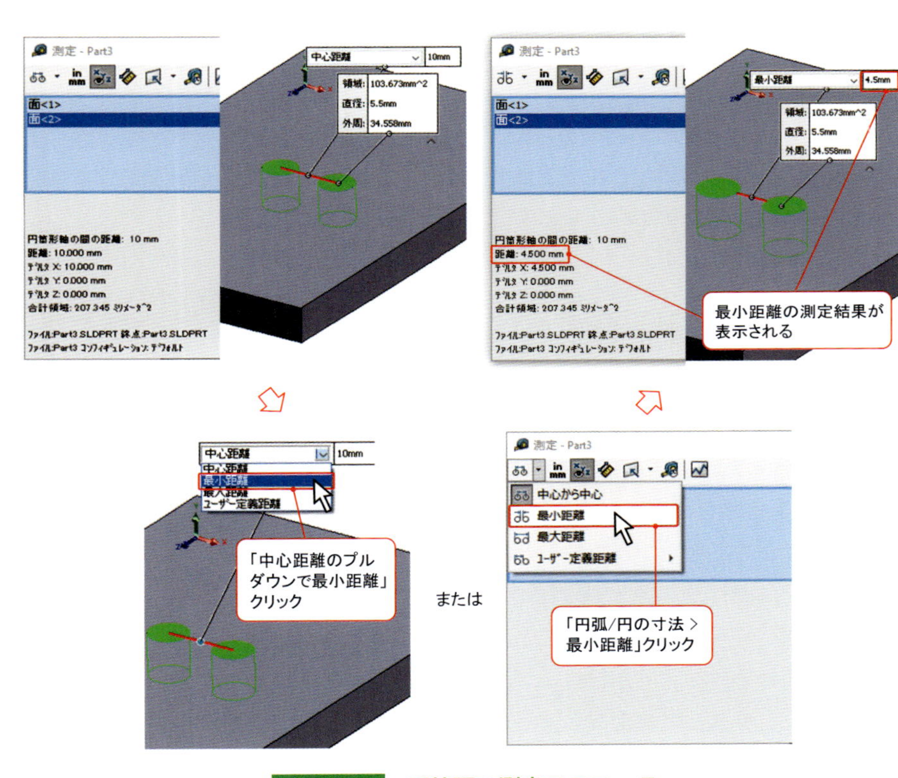

図3.25.1 円筒面の測定テクニック

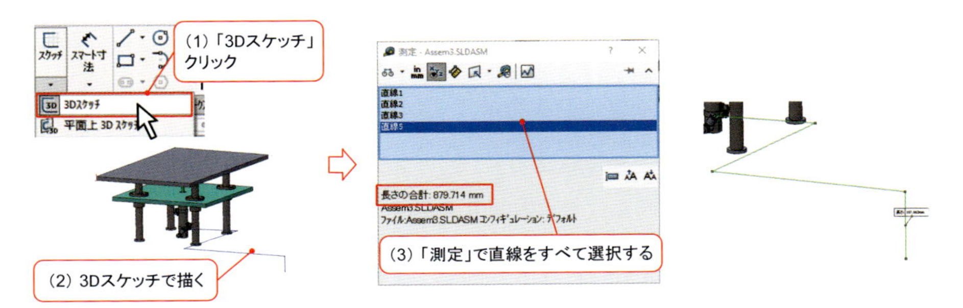

図3.25.2 配線・配管長さの測定テクニック

3-26 部品の加工可否のチェック方法

せっかく部品のモデルを作成できたとしても、そのモデル通りに加工ができない場合は設計変更をする必要があります。モデルの加工可否を調べる方法についていくつか紹介します。

● 展開コマンドで加工可能か確認しよう

板金の部品モデルは、モデル作成完了後「**展開**コマンド」で加工可否を確認しておきましょう。板金タブでフィーチャーを作成した部品モデル、または「板金タブ > 板金に変換」コマンドを実行した部品モデルを用意します。次に「板金タブ > 展開」をクリックします。このときに干渉している箇所があれば加工不可となります。

板金部品は曲げかたの工夫次第で、１つの部品に多数の機能を持たせたり、複雑形状のカバーを作ったりすることが可能です。しかし、モデリングをしているうちに「そもそも展開図が描けるのか」ということを忘れがちになるので、出図前に必ずチェックしておきましょう。

● meviyで加工可能か確認しよう

板金部品に限らず、簡単に加工可否をチェックするサービスがあります。株式会社ミスミが運用している「meviy（メビー）」です。メビーは製作部品の自動見積サービスで、製作費の見積機能までなら誰でも無料で使用できます。自動見積機能の中に「**AIによる加工可否の自動チェック機能**」が含まれていますので、それを使って加工可否を判定できます。meviyにログインしたらSOLIDWORKSの部品ファイルをそのままドラッグ＆ドロップでアップロードしたあと、見積の画面へ入れば加工可否を判定してくれます。板金だけではなく切削ものでも判定できます。

注意点として、**meviyを使った加工可否判定には一長一短**があります。メリットは加工可否を即時に判断してくれることです。加工業者に依頼すると「いったん出図の手続きをした後で加工可否が分かるのが数日後である」こともしばしばです。一方で、meviyで判定される加工限界と各板金部品メーカーの加工限界との間に差が生じることもあります。meviyで製作不可でも、加工業者なら加工可能という判断になる場合もあるので、うまく使い分けましょう。

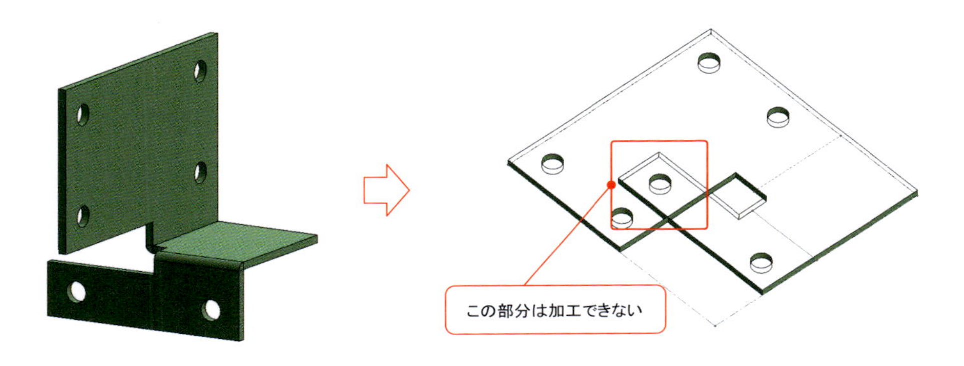

図3.26.1 板金の展開によるチェック方法

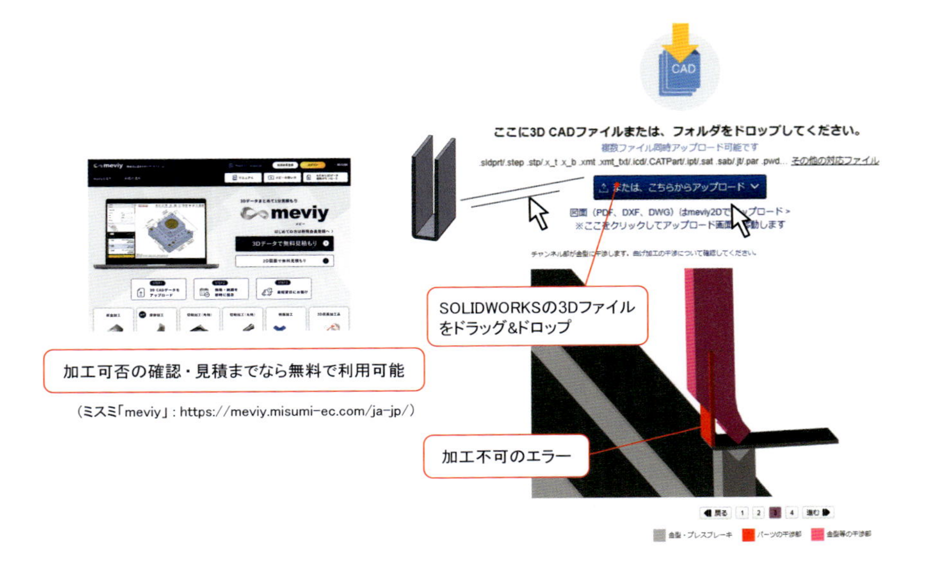

（ミスミ「meviy」: https://meviy.misumi-ec.com/ja-jp/）

図3.26.2 meviyを使った加工可否の確認

3-27 警告・エラーが発生したときは?

モデリングを進めているとSOLIDWORKS上で警告やエラーが表示されることがあります。これらの違いは以下の通りです。

- 警告：SOLIDWORKSの判断で一応はモデルの形を作っているが、修正の必要があるもの。黄色で表示される。
- エラー：SOLIDWORKSの判断でもモデル形成が不可で、修正の必要があるもの。赤色で表示される。

こういった警告・エラーが発生した際は、できるだけすぐ解決するのが望ましいです。放置したままモデリングすると、後に意図しない挙動をしたり、解消するのが困難になることがしばしばあるからです。しかしだからといって、**軽率にフィーチャーなどを抑制・削除して警告やエラーを無理矢理収束させることをやってはいけません**。このような警告・エラーの解消は対処療法的であり、根本的なエラーの解決にはならないこともしばしばあります。さらに、この対処療法により新たな警告・エラーを引き起こしたり、再構築された際にモデルが意図しない挙動をすることがあります。

どんなにSOLIDWORKSの扱いに慣れている人でも、多少の警告・エラーは起こり得るものです。特にロールバックバーを操作する際に発生しやすいです。ここで重要なのは、警告・エラーのメッセージ内容をよく読み、原因を特定し、適切に対処することです。

警告・エラーのメッセージを見るには、ツリーの警告・エラーが出ている場所で「右クリック > エラー内容」をクリックすればOKです。次ページによく起こる警告・エラーメッセージや原因と、その対策についてまとめています。エラーメッセージの内容が理解できない場合や、警告・エラーを未然に防ぎたい場合などに参照してください。

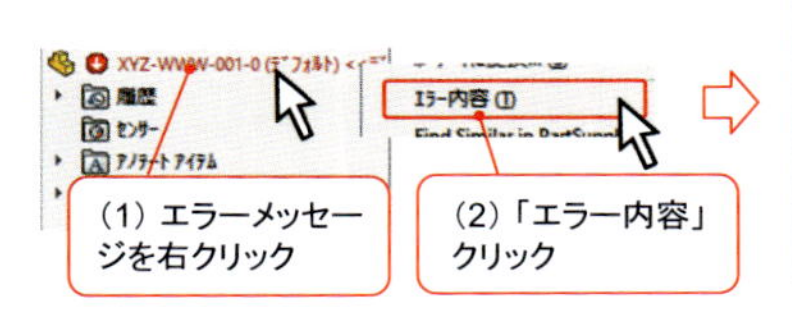

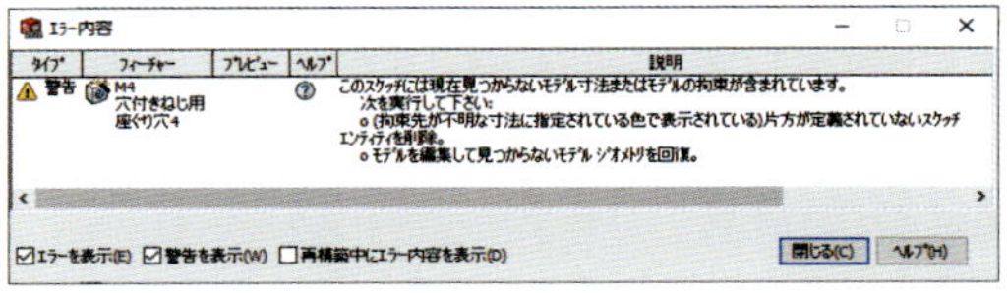

図3.27.1　警告・エラーメッセージを確認する方法

表3.27.1　よくあるエラーの原因と対策

エラーメッセージ	よくあるエラーの原因	対策
このスケッチは現在見つからないモデル寸法の拘束が含まれています。	●スケッチ内で拘束を定義した際に参照したエンティティ（点や線）が、別フィーチャーの作成（押し出しボス/ベース・押し出しカット・面取り・フィレットなど）によって参照できなくなった。	●スケッチ編集で拘束を定義し直す ●拘束定義に使用した参照元のフィーチャー・スケッチを編集する
面または平面がありません	●元々スケッチを作成していた平面が、別のフィーチャーの作成（押し出しボス/ベース・押し出しカット）によってなくなった。 ●ミラーでフィーチャー作成したときに参照した平面が、別フィーチャーの作成（押し出しボス/ベースや押し出しカット）によって参照できなくなった。	●スケッチ平面を選択し直す ●不要なスケッチであれば、抑制・削除する
パターンの定義に使用されたエッジ、軸、または寸法をモデルで見つけることができません。	●直線パターンを作成したときに「方向」として参照した線や面が、スケッチ編集での線の削除や別フィーチャの作成（押し出しボス/ベース・押し出しカット・面取り・フィレットなど）によって参照できなくなった。	●パターン作成したときに「方向」に指定する線や面を変更する（基準平面や参照ジオメトリのような、消失することがないエンティティを参照すると〇）
直線エッジを円形パターンの回転軸で選択してください	●円形パターンを作成したときに「方向」として参照した線が、別フィーチャーの作成（押し出しボス/ベース・押し出しカット・面取り・フィレットなど）によって参照できなくなった。	●パターン作成したときに「方向」に指定する線を変更する（参照ジオメトリのような、消失することがないエンティティを参照すると〇）
意図した穴はモデルと交差しません	●元々穴ウィザードで作成していた穴が、別フィーチャーの作成（押し出しカット・面取り・フィレットなど）によって穴を作成できなくなった。	●穴ウィザードのスケッチを編集する ●不要であれば、抑制・削除する

3-28 デザインライブラリを活用しよう

部品ファイルを作成していて、同じような部品をよく使うと感じるときは、その部品をデザインライブラリに登録しておきましょう。デザインライブラリに登録しておくことで、SOLIDWORKS内から目的の部品やフィーチャーを簡単に呼び出せます。

最初に、よく使う部品を保存するフォルダを登録していきます。まず、「タスクパネル > デザインライブラリ」をクリックします。開くと上にアイコンが並んでいるので、その中から「ファイルの場所を追加」をクリックします。ウィンドウが開くので、登録したい部品ファイルが保存されているフォルダを選択し「OK」をクリックします。するとデザインライブラリ内にフォルダが追加され、フォルダを開くと部品ファイルを呼び出せます。

デザインライブラリに登録しておくと便利な部品例を次のページに示しますので、参考にしてみてください。特にボルトは「コンフィギュレーションを使いこなそう」のところで紹介したように、長さのコンフィギュレーションを作っておくと、デザインライブラリの機能と組み合わさったときに非常に便利です。

● 合致参照を設定しよう

デザインライブラリに登録した部品には「合致参照」を設定しておくのをおすすめします。たとえばボルトに合致参照を設定しておけば、アセンブリファイルで構成部品の穴にボルトを挿入する際に、ドラッグ＆ドロップするだけでボルトを構成部品に合致させられるので、モデリング効率がアップします。

今回はボルトを例に説明します。まずボルトの部品ファイルを開きます。次に「フィーチャータブ > 参照ジオメトリの▼ > 合致参照」をクリックします。そしてプロパティの「第1参照エンティティ」のところで、ボルトの根元のエッジを選択します。ここまでできたら保存してファイルを閉じても大丈夫です。使用する際はアセンブリファイルを開き、デザインライブラリからドラッグ＆ドロップをすればOKです。

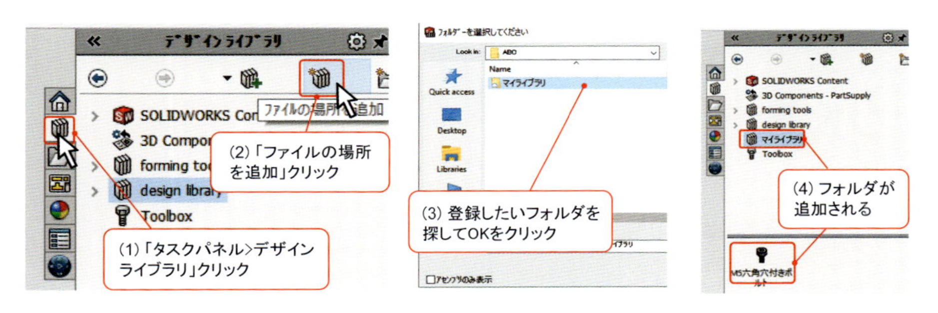

図3.28.1 デザインライブラリへのフォルダ登録方法

表3.28.1 ライブラリへの登録をしておくと便利な部品例

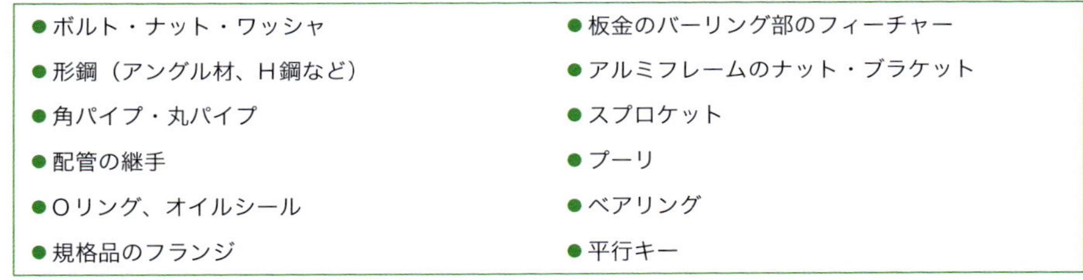

●ボルト・ナット・ワッシャ	●板金のバーリング部のフィーチャー
●形鋼（アングル材、H鋼など）	●アルミフレームのナット・ブラケット
●角パイプ・丸パイプ	●スプロケット
●配管の継手	●プーリ
●Oリング、オイルシール	●ベアリング
●規格品のフランジ	●平行キー

※メーカー購入品を登録する際は廃盤に注意

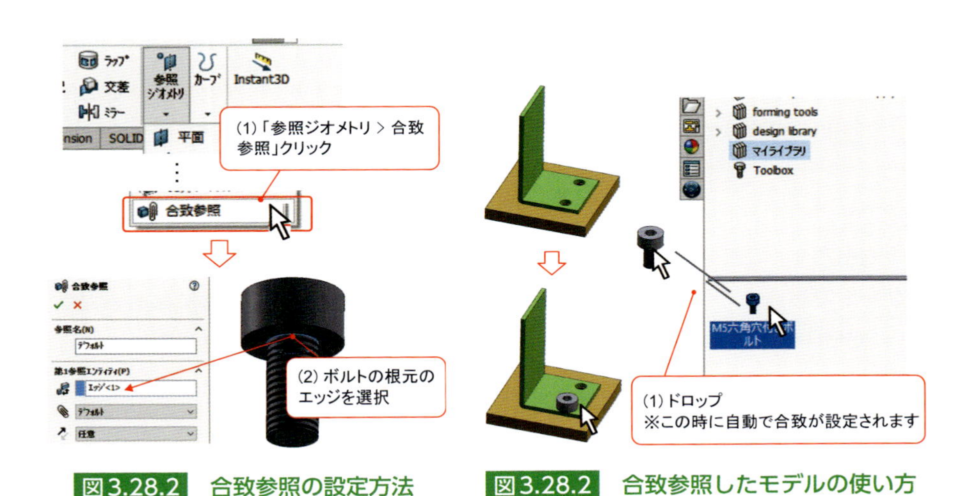

図3.28.2 合致参照の設定方法

図3.28.2 合致参照したモデルの使い方

Column 03

Toolboxとは

SOLIDWORKSにはライセンスのパッケージとしてスタンダード、プロフェッショナル、プレミアムの3種類があります。このうち、プロフェッショナル、プレミアムのパッケージを契約している場合は、あらかじめSOLIDWORKSが用意してくれている標準部品ライブラリを使用できます。この機能をToolboxといいます。

Toolboxは「タスクパネル > デザインライブラリ > Toolbox」で開けます。中身は各規格（JISやISOなど）ごとに分かれています。以下のような機械要素が使用できます。

- ボルト・ナット・ワッシャ
- ベアリング
- キー
- ピン
- 止め輪
- Oリング
- ギア・スプロケット
- 形鋼

実際に使用するときはToolbox内から目的の部品を探し、それをアセンブリ内へドラッグ&ドロップすればOKです。ドラッグ&ドロップしたときに、その挿入箇所の穴サイズなどに合わせて自動でサイズ変更してくれたり、自動で合致をつけてくれたりします。もちろん、Toolbox内の部品や設定のカスタマイズも可能です。

もちろん、ここまで高級な機能が無くてもよいのであればスタンダードのパッケージでも自力でライブラリの作成が可能です。ただし、そのためにはある程度のSOLIDWORKSの知識や、ライブラリ用データ作成の工数が必要です。興味のあるかたはプロフェッショナルプラン以上を検討してみてください。

4 アセンブリ作成のテクニック

SOLIDWORKS

4-1 設備設計はトップダウン設計が基本

SOLIDWORKSの講習やチュートリアルでは、アセンブリについて「アセンブリファイルを開いたら、構成部品の挿入コマンドで部品ファイルを1つずつ挿入し、それらを順番に合致する」という説明がされています。これはいわゆる「ボトムアップ設計」と呼ばれる設計スタイルになります。ボトム、つまり部品を最初にモデリングして、それらを合致を使って積み上げてサブアセンブリを作り、さらにそのサブアセンブリを積み上げてトップアセンブリを作るという流れです。ボトムアップ設計は講習やチュートリアルという場で、「アセンブリの操作を短時間で習得する」という意味では適しているかもしれません。また2Dのデータを3D化していくような作業もボトムアップ設計だと言えます。

しかし残念ながら、一般的に設備設計では**トップダウン設計で設計することが主流**です。トップダウン設計ではまずトップアセンブリから検討を進め、設計の詳細を作りこんでいくのに従ってサブアセンブリ単位での設計へ、そして最終的なモデルの仕上げやファイルを部品単位で分ける際に部品ファイルを操作する流れです。このような設計が主流であるのは、以下のような理由が考えられます。

- 設計仕様書内で装置の最大許容寸法や、前後工程との接続部の仕様などのように、装置全体に関わる設計制約が設けられているから。
- 設計仕様書内でサブアセンブリの大まかな分け方や、各サブアセンブリ単位での設計制約も設けられているから。
- プロジェクトの進め方として、個々の部品の詳細形状よりも、全体の構成や各サブアセンブリの動作原理が仕様を満たしているかなど、アセンブリ単位でのDR（デザインレビュー）の方が先に実施されるから。

今まで2DCADで設計していたかたは、「まず全体の構想図を描いた後に、組図で詳細を仕上げて、最後に各部品図にバラしていく」という設計の流れになじみがあるかと思いますが、これもまたトップダウン設計であると言えます。

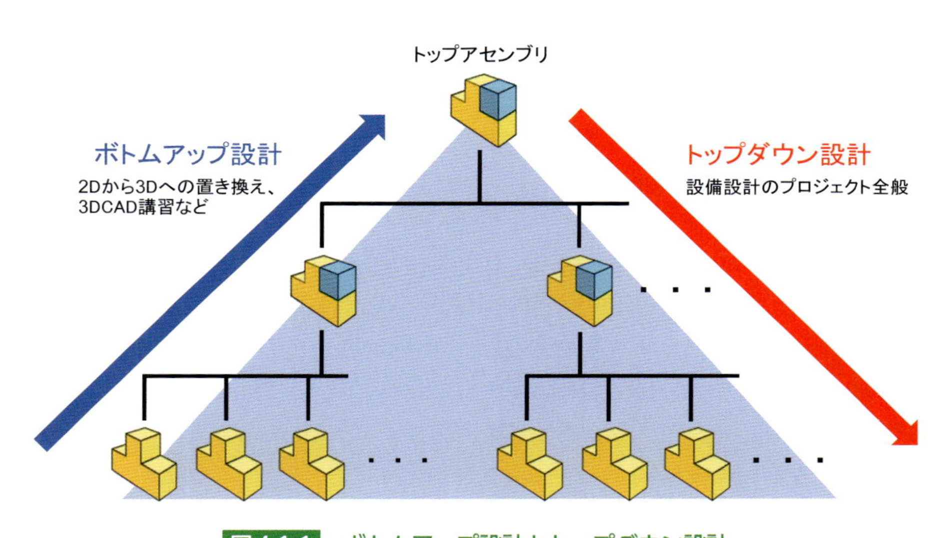

図4.1.1 ボトムアップ設計とトップダウン設計

設計仕様書の発行

- ✓ 設備の設置可能スペース
- ✓ 搬送レベルの寸法値
- ✓ 前後工程との接続部の仕様
- ✓ 各サブアセンブリの設計条件

など

全体モデルのDR・承認

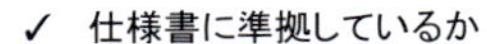

- ✓ 仕様書に準拠しているか
- ✓ 動作は原理的に成立しているか
- ✓ 安全対策は施されているか
- ✓ 予算は想定内に収まりそうか

など

各部品ファイルの出図

図4.1.2 生産設備の設計の進め方

4-2 トップダウン設計の準備

トップダウン設計を踏襲しながら装置を設計していくうえでの準備について解説をしていきます。通常はCADでモデリングをする前に、紙やペン、エクセルなどを使って、動作原理・装置内のモジュール分けの検討、フローチャートの作成などから入りますが、ここではすでにその作業は完了しているものとします。

まず作成するのは**全体図用のアセンブリファイル（トップアセンブリ）**です。「メニューバー > ファイル > 新規作成」でファイルを作成しましょう。ファイルを作成すると自動的に「構成部品の挿入」コマンドが立ち上がることがありますが、まだ構成部品を作成していないのでそのままキャンセルします（すでにワークのデータなどがあれば挿入しても大丈夫です）。

続いて、もし装置レイアウトや設置スペースがある程度決まっているのであれば、トップアセンブリ内のスケッチとして作成していきます。これは「レイアウトタブ」または「スケッチタブ」のどちらかで描くことができますが、個人的にレイアウトは扱いにくいと感じるのでスケッチタブで作図します。もしスケッチを描くなかで注記を入れたいのであれば「メニューバー > 挿入 > アノテートアイテム > 注記」をクリックし、該当箇所に注記を入れればOKです。

続いて、各モジュール用のアセンブリファイル（サブアセンブリ）を作っていきます。「アセンブリタブ > 構成部品の挿入の▼ > 新規アセンブリ」をクリックし、テンプレートファイルを選択します。するとツリー上に空のアセンブリファイルが作成されます。そこで「右クリック > アセンブリの名前変更」をクリックし、図面番号に変更していきます。これを他のサブアセンブリに対しても行います。

次に部品を作成していきます。「アセンブリタブ > 構成部品の挿入の▼ > 新規部品」をクリックし、テンプレートファイルを選択します。マウスカーソルをグラフィックス領域内に持っていくとポインターに緑のチェックが付きますので、何もないところでクリックします。すると、中身が空の部品ファイルがアセンブリのツリー内に作成されます。この状態ではトップアセンブリ直下に部品ファイルが入ってしまっているので、その部品をドラッグし、適切なサブアセンブリの直下に位置するよう配置しましょう。部品のモデル作成を始める際は「ツリー上で部品ファイルを右クリック > 部品編集」をクリックすれば、アセンブリの画面内で部品編集が可能です。もし部品ファイル内で編集をしたい場合には「部品を開く」をクリックすればOKです。

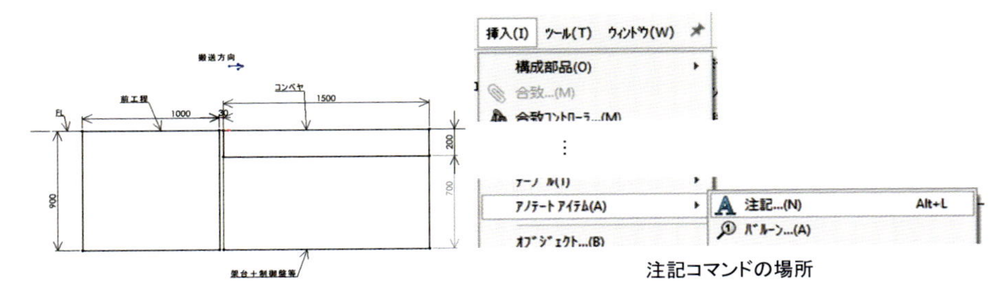

図4.2.1 トップアセンブリ中に描く装置レイアウトの例

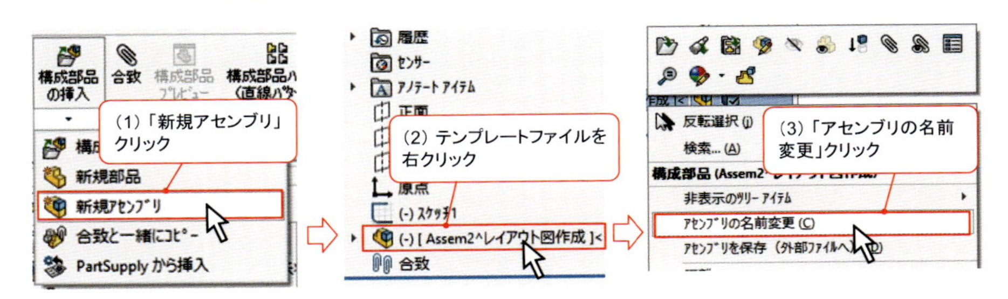

図4.2.2 サブアセンブリ用のアセンブリの作成方法

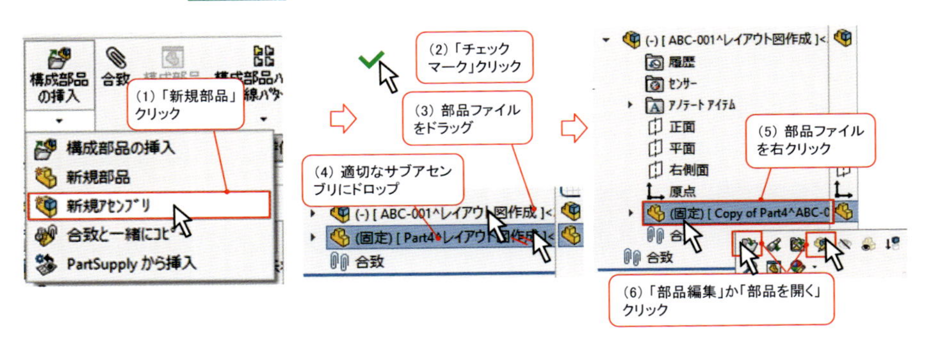

図4.2.3 部品ファイルの作成・編集方法

4-3 構成部品のフィーチャーを使った合致は極力やらない

アセンブリのチュートリアルなどを見ると「構成部品の取付穴同士を同心円で合致する」「構成部品の取付面同士を一致で合致する」というように、構成部品のフィーチャーを指定して合致を行うという解説がされています。これは、実際に機械を組み立てるときの要領に似ているので、あたかもこの方法がよいものだと思ってしまいがちです。しかし、**構成部品のフィーチャーを使った合致は極力やらない方がよいです**。その理由は主に２つあります。

１つ目はアセンブリの再構築が行われる際に、SOLIDWORKSがフリーズしやすいためです。再構築とはファイルを開くときや「再構築」コマンドをクリックした際に行われるもので、ファイルの状態を最新状態に更新することなのですが、実はこの再構築の処理の中で**もっとも時間がかかるのが合致の処理**です。一説によると、合致の数に対して処理の量は指数関数的に増大するとも言われています[6]。よく「アセンブリを開こうとしたら、パソコンがフリーズする！」という話を耳にしますが、この原因のほとんどは合致の数が多すぎることだと言われています。特に構成部品のエンティティを使って合致を行っていくと合致の数が多くなる傾向にあるので、この問題を誘発しやすいのです。

２つ目は合致エラーを誘発しやすいためです。構成部品のエンティティを使った合致は、合致の親子関係の階層が深くなったり、合致の関係が複雑に絡まりやすくなります（これらは「冗長な合致」とも呼ばれます[7]）。これにより、たとえば一部の部品を設計変更した途端に合致エラーになりやすいですし、エラーを解消しようにも合致関係が複雑すぎて対処が困難になりやすいです[8]。さらに、仮にアセンブリが現在表示されている時点で合致の問題がなくても、**再構築された途端に合致エラーが発生することもあります**。これは経験上、部品点数が多くなるほど発生しやすくなることから、おそらく再構築時の合致の処理順などが関係しているのではないかと推測します。

ただし、構成部品のエンティティを使った合致を完全に禁止としてしまうと、それはそれで不都合が発生します。たとえば、ボルト類を配置するときやリング機構の動きをマウスドラッグで確認するときなど限定で、エンティティを使った合致方法を使うという運用がよいでしょう（実際は動作確認用とアセンブリ用とでコンフィギュレーションを分けた方が望ましいです）。

エンティティを使った合致の代替案については、「基本平面で合致する」（106ページ）か「固定を使う方法」（108ページ）を参照してください。

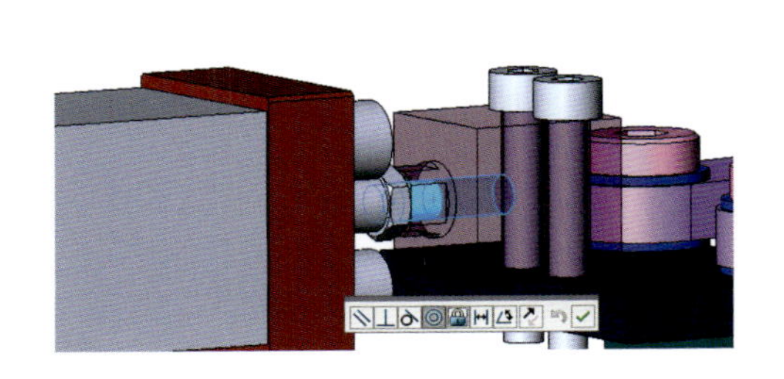

部品取付穴での合致

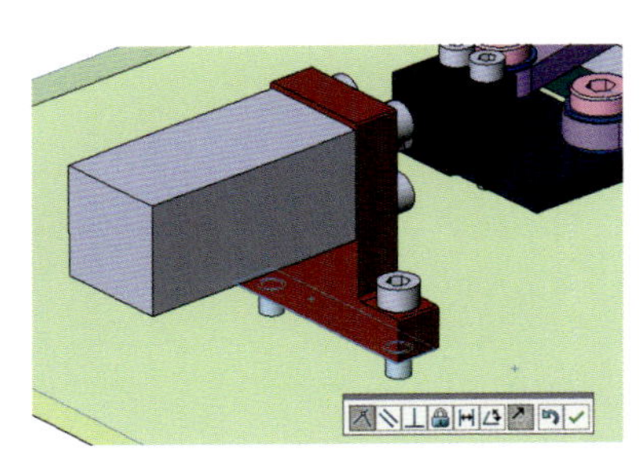

部品取付面での合致

図4.3.1 よくある構成部品のフィーチャーによる合致

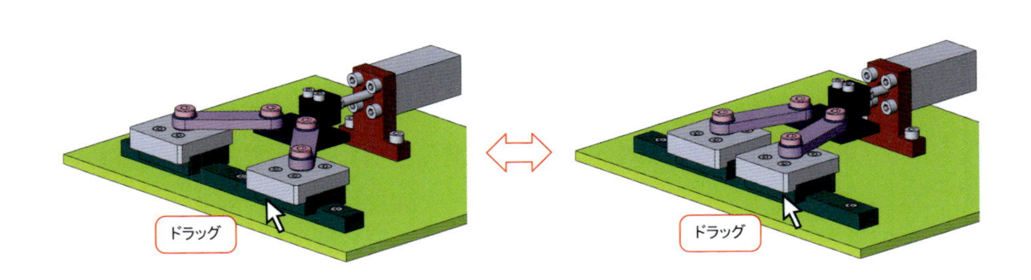

図4.3.2 構成部品のフィーチャーによる合致が有効なケース

4-4 基本的なアセンブリ方法(1):基本平面で合致する

基本平面とは、部品ファイルやアセンブリファイルを新規作成した時点で作成される「正面」「平面」「右側面」の平面のことです。本ページで紹介するこの方法は、以下のルールに従って合致を行います。

- **部品の基本平面は、アセンブリの基本平面と合致をする**
- **トップアセンブリとサブアセンブリとの合致も基本平面を使って合致する**
- **部品がサブアセンブリに属する場合、部品とトップアセンブリとは合致しない**

これに従うと、1つの部品に設定される合致の数は最大でも3つだけと、合致をかなり少なく抑えることができます。

実際の例に沿ってやってみます。まずはアセンブリの基準とする部品(A部品)を決め、その部品とアセンブリの基本平面同士を合致していきます。そして次の部品(B部品)の合致をするときもアセンブリの基本平面を使っていきます。このとき、B部品をアセンブリ平面と合致したときにA部品にうまく組み込めるよう、合致タイプの「距離」などを使いながら合致していきます。このようにして他の部品も同様に合致をしていきます。

この基本平面で合致する方法のメリットは2つあります。一つは**「部品の形状が合致に影響しない」**ことです。たとえば、部品同士の穴同士を使って合致をしてしまうと、仮に片方の部品の穴の位置を変更したり、抑制したりした途端に合致エラーが引き起こされる可能性があります。それに対して、部品がアセンブリと基本平面同士で合致されていることで、部品がどんな形状に変更されたとしても(極端な話、部品のフィーチャーをすべて削除したとしても)合致に影響することがないので、合致エラーがほぼ発生しなくなります。

もう一つのメリットは**「合致のコンフィギュレーションを活用できること」**です。たとえば可動部に合致のコンフィギュレーションを設定することで、ポジションごとの各部品の位置や姿勢を確認できます。具体的な方法は「合致のコンフィギュレーションの使い方のコツ」（122ページ）にて解説します。

この方法で合致をしていく上では、部品のモデルやサブアセンブリを作成する際に「どこを基準にするか？　部品のどの部分が基本平面や原点に来るようモデリングするか？」を意識することがコツです。基準を意識して作成しないと、合致の作業の際に測定コマンドで何度も寸法を測りながら合致せざるを得なくなります。SOLIDWORKSで2D図面を描く際も、基準の意識が重要です。

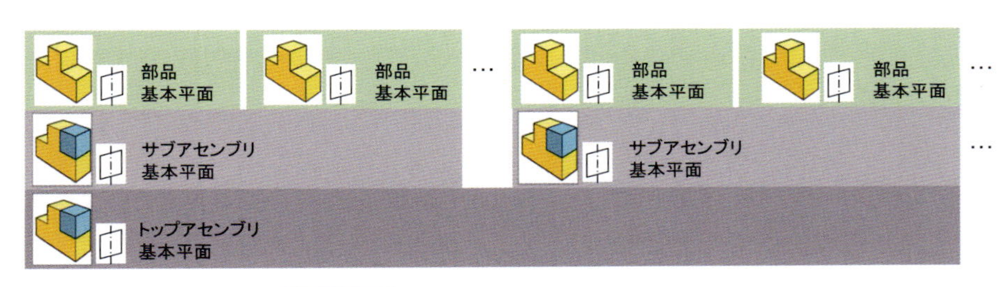

図4.4.1　基本平面での合致のイメージ

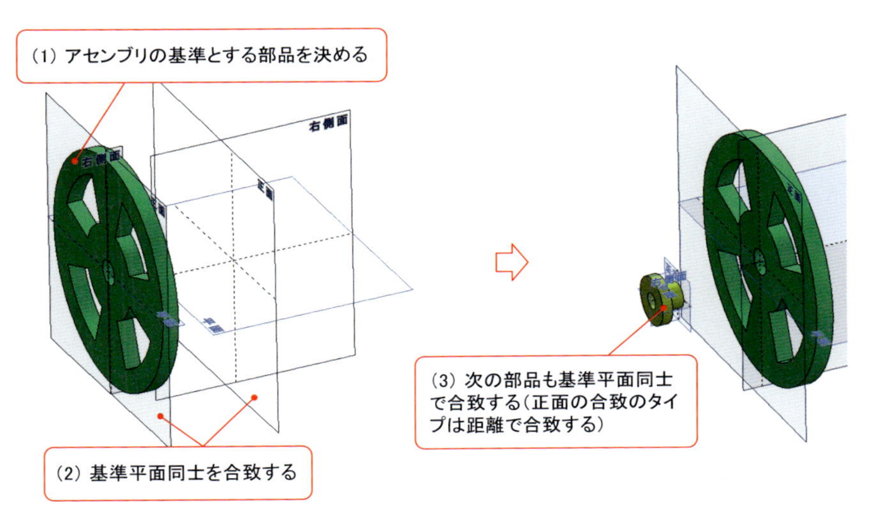

図4.4.2　基本平面で合致する手順

4-5 基本的なアセンブリ方法（2）：固定を使う方法

前項に引き続いて、もう一つおすすめなアセンブリ内での構成部品同士の組み方があります。それは「固定」を使う方法です。アセンブリ内で構成部品が動かないようにするために使われる「固定」のコマンドですが、これを部品同士を組んでいく際に活用していきます。

まず、アセンブリ内に構成部品を挿入またはモデル作成をして、「アセンブリ > 合致」をクリックします。その後プロパティの下のほうに**「位置づけのみに使用」**というチェックボックスがありますので、そこにチェックを入れてから、各構成部品の面などを使って合致をしていきます。一見すると通常の合致と同じような挙動をするのですが、実はこの「位置づけのみに使用」にチェックを入れておくと**合致の履歴は残りません。**つまり、単に構成部品を移動させるだけのコマンドになります（「合致コマンド」内での操作にも関わらず「合致の履歴が残らない」のがややこしい部分です）。そして、構成部品同士の位置合わせができたら、プロパティ左上の緑のチェックをクリックします。最後にツリー上で対象の構成部品の上で「右クリック > 固定」をすれば完了となります。

この方法のメリットは大きく２つあります。１つ目は、**処理の負荷やアセンブリファイルが軽くなる**ことです。前述で「SOLIDWORKSは合致の処理に負荷がかかる」と解説しましたが、この方法ではそもそも合致を使っていないので、再構築の処理が軽くなります。それだけではなく、同じ構成部品で「合致を使った場合」と「固定を使った場合」とで比較すると、アセンブリファイルのサイズ自体が軽くなります[9]。そのため生産ライン規模の装置のような、部品点数が何千・何万点にも及ぶようなモデルにおいて重宝するやりかただと思います。

２つ目は**「部品の配置がしやすい」**という点です。「基本平面で合致する方法」では、合致の際に基本平面間の距離を測定しながら行う必要があるので少々煩雑です。またアセンブリの基本平面からでは部品の配置を決めにくいというケースにおいては採用しにくかったりもします。それに対してこの方法は、部品の配置を合致コマンドで決めていくことになるので、毎回測定コマンドを使用する必要がありません。また、部品同士の位置を相対的に決定したい場合においても扱いやすいです。

ただしこの方法だけでは、合致のコンフィギュレーションが使えないというデメリットがあります。その場合は、その部分だけ「基本平面で合致する」方法（106ページ）を採用するのがよいと思います。

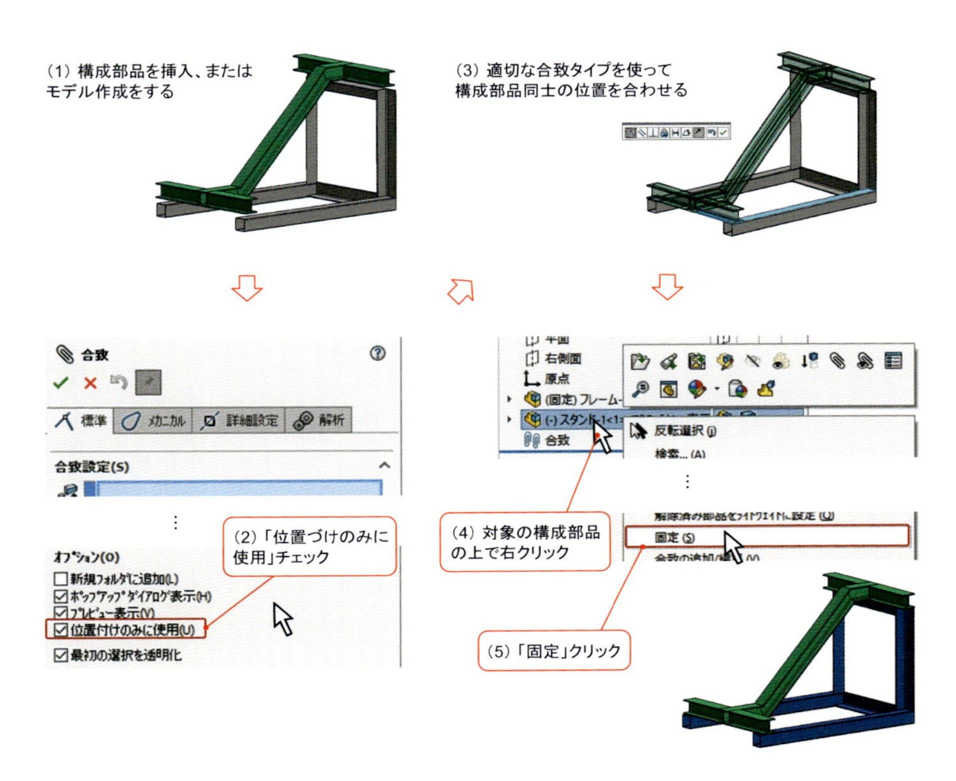

図4.5.1 「固定」を使って構成部品同士を組んでいく方法

4-6 外部参照を活用してモデリングする方法

トップダウン設計をするうえで強力な武器の一つが「外部参照を活用してモデリングする」というものです。これは「他の部品のエンティティなどを参照してスケッチやフィーチャーを作成する」というテクニックです。

たとえば、A部品のタップ位置とB部品のキリ穴の位置を合わせたい場合に、寸法を確認しながらそれぞれの部品ファイル内で穴フィーチャーを作成するのは非常に手間です。それよりも、まずA部品にタップを配置した後に、そのタップの配置を外部参照してB部品にキリ穴をあけるという手順で穴を作成するほうが効率的です。

ここでは「部品Aのタップ穴に合わせて、B部品にキリ穴を設ける」という操作を例に説明していきます。まずはアセンブリファイル内にA部品とB部品とを、取付面同士が接するように配置します。次にB部品上で「右クリック > 構成部品編集」をクリックした後、穴ウィザードでキリ穴を選択します。穴の位置を指定するところで、先ほどA部品で作成した穴の中心に合わせてキリ穴を配置すれば完了です。 作成したキリ穴をツリー上で見ると「->」マークがつきますが、これは「他の部品を参照して作成している」という意味になります。

● 外部参照のメリット・デメリット

外部参照は「相手部品と形状や穴位置を合わせやすい」ということ以外にもメリットがあります。たとえばA部品のタップ穴の位置を参照してB部品のキリ穴のフィーチャーを作成した場合、A部品のタップ穴の位置を変更すると自動的にB部品のキリ穴の位置も自動で変更してくれるのです。

しかし、A部品のタップを削除してしまうと、B部品のキリ穴の参照先が見つからないため警告が出てしまいます。参照先が見つからなくなってしまっても一応は最後に再構築された時の形状で残ってはくれますが、だからといってこれを放置するのはファイルの管理上望ましくありません。第三者がそのファイルを見たときに、正常なファイルなのか、何らかの異常があるのかの判断ができなくなってしまいます。そのため、外部参照を使いこなすためには、それぞれのファイルやフィーチャーの参照関係（および親子関係）についてしっかりと理解しておくことが必須となります。

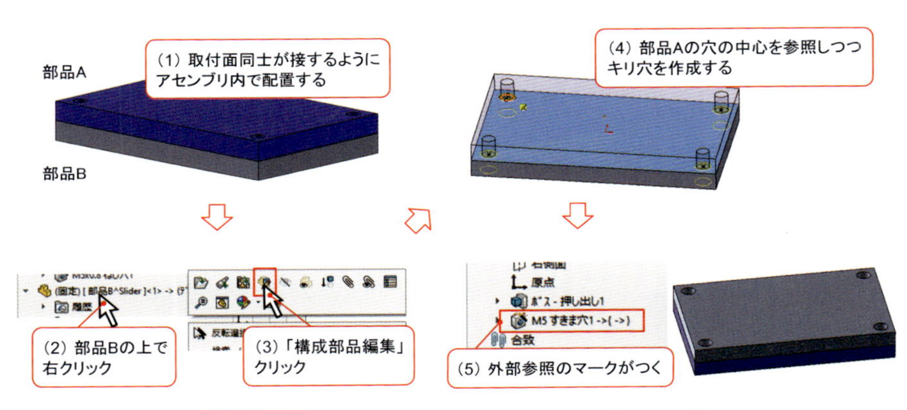

図4.6.1 他の部品を参照して穴を作成する手順

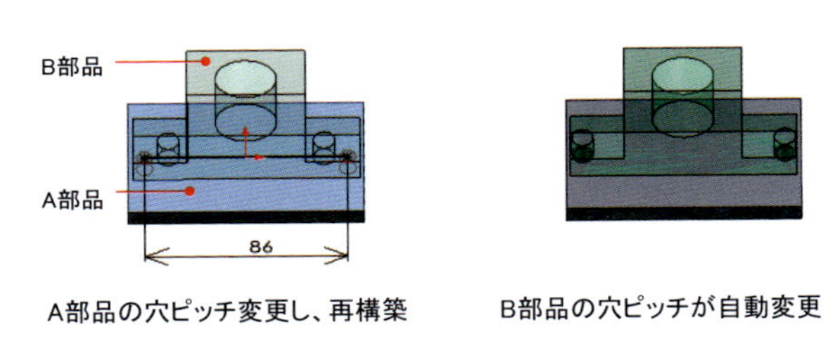

図4.6.2 外部参照のメリット

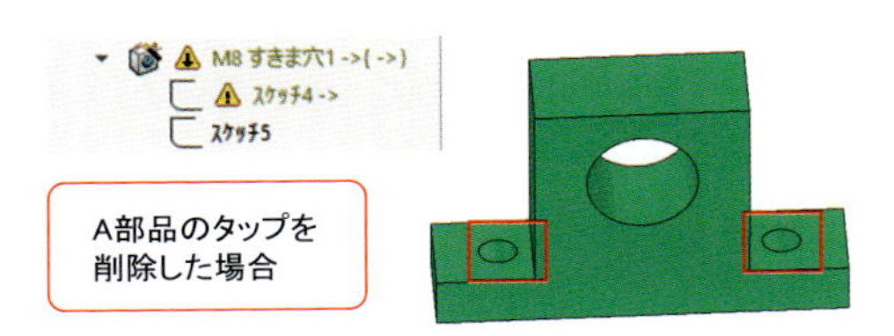

一応は最後に再構築された時の形状で残るが、この状態を放置するのは管理上望ましくない

図4.6.3 外部参照のデメリット

4-7 外部参照を切る方法

モデル作成をしていて、最初は外部参照（110ページ）を使ってモデリングをしていたものの「途中から外部参照を切りたい」という場合があります。また、職場によっては「出図時のファイルは外部参照をなくすこと」というルールを設けているところもあります（設計チーム全員が外部参照について深く理解していないと、トラブルが多発する事態になってしまうためです）。そのような時のために、外部参照を切る方法を紹介します。

ツリーの中で名前に「->」マークが表示されているものが外部参照のマークです。その上で「右クリック > 外部参照」をクリックしていきます。すると外部参照のウィンドウが開きますので、下のほうにある「ブレークされているスケッチ拘束を固定拘束に置き換え」にチェックを入れます（外部参照が切れたスケッチを固定拘束により完全定義してくれます）。そして、「全てブレーク」をクリックします。「次の外部参照を永久にブレークします。...」という警告が出ますが、OKを押します。これで外部との参照関係を切ることができます。

ただしスケッチが単に「固定」の拘束だけしか入っていない状態にすると、第三者がスケッチを見たときに設計意図が読み取れないという不都合が生じます。ですので、スケッチ編集にて従動寸法で寸法を残しておけばベストです。

● ？マークの意味

外部参照を使っていると、？マークが表示されることがあります。これは「今開かれているファイルで判断する限り、参照先が不明」という意味で、公式には「前後関係の外」と説明されます。たとえば、外部参照が含まれる部品Bのファイル単体のみを開くと？マークが表示されますが、B部品のファイルを閉じずにアセンブリファイルを開けば？マークが消えます。どのアセンブリファイルを開けば？マークが解消されるかは、？マーク上で「右クリック > 外部参照」をクリックし、上部のアセンブリファイルのパスを確認すれば分かります。

一方、たとえばB部品のみを他の装置設計に流用するために、B部品のファイルを他のフォルダへコピーした場合、複製されたファイルには複製元と同様に外部参照が残ってしまっています。この場合は先述の手順で、複製されたファイル内の外部参照を切っておく必要があります。

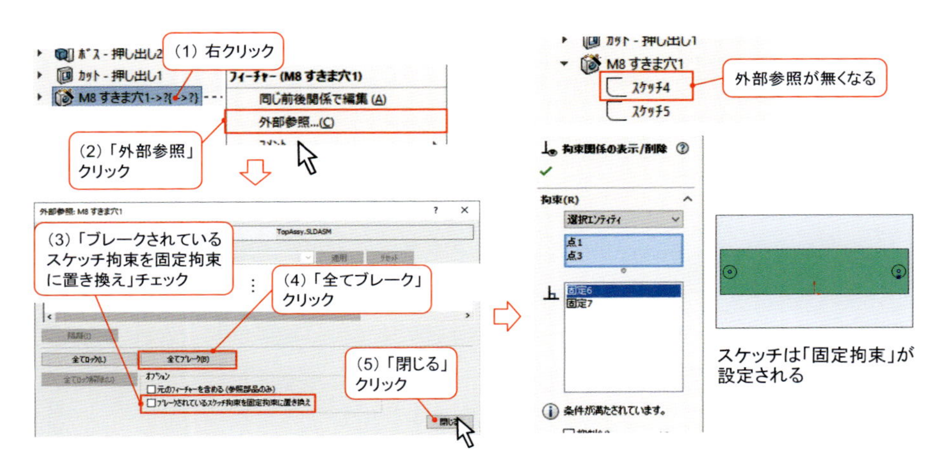

図4.7.1　外部参照を切る方法

図4.7.2　問題のないケースの？マーク

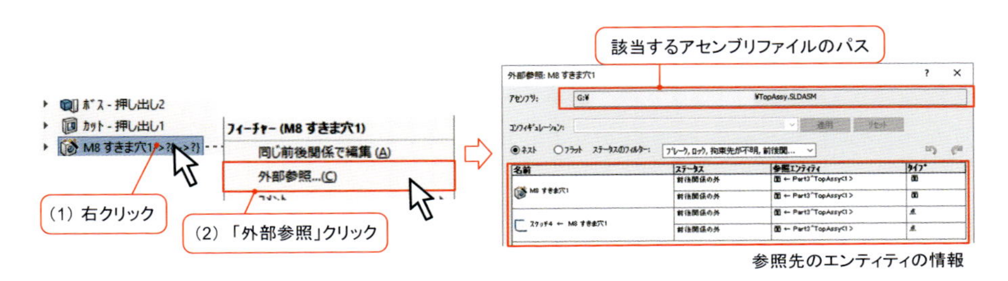

図4.7.3　？マークの参照先の調べ方

4-8 外部参照を使わずにモデリングをする方法

外部参照（110ページ）は使いこなせれば強力である反面、使いこなすためのハードルもそれなりに高いのが難点です。外部参照を使わずに設計を進めたいという需要も一定数あると思いますので、その方法について紹介していきます。

外部参照を作成しないようにするには、部品編集中に「スケッチタブ > 外部参照なし」をオンにするか、「システムオプション > 外部参照 > モデルの外部参照の作成を許可」のチェックを外せば設定完了です。外部参照なしでの挙動として、たとえばスケッチでピンクの部品（外部の部品）のコーナーから長方形を描こうとしたとき、そのコーナーの点自体は拾えますが、拘束は設定されません。また、ピンクの部品を使ってエンティティ変換を実行することはできますが、それによってできたスケッチは外部参照は設定されないようになります。

ちなみに外部参照なしに設定をすると、アセンブリ内で新規部品を作成する際（103ページ、図4.2.3(2)）に、**何らかの面をクリックしないと新規部品コマンドがキャンセルされてしまう**ようになります。その仕様は頭の片隅に入れておいてください。

● フィーチャーを他の部品にコピーする方法

外部参照を使わないモデリングをするのであれば「フィーチャーのコピー」のテクニックを使うと便利です。ここでは、A部品のタップ穴を使ってB部品にキリ穴を作成していきます。まずはA部品内で穴ウィザードでタップ穴を作成します。次にツリー上で先ほど作成した穴のフィーチャーをクリックし「Ctrl ＋ C」を押します。そしてB部品で構成部品編集を開き、穴を貼り付けたい面を選択してから「Ctrl ＋ V」を押します。ここで「コピーの確認」のウィンドウが出たら「削除」をクリックします。次に穴の形状や位置を適切なものにするために、先ほど貼り付けた穴のフィーチャー編集をクリックします。そこでタップ穴からキリ穴へ変更し、穴位置が正しくなるよう拘束をつけたら完了です。

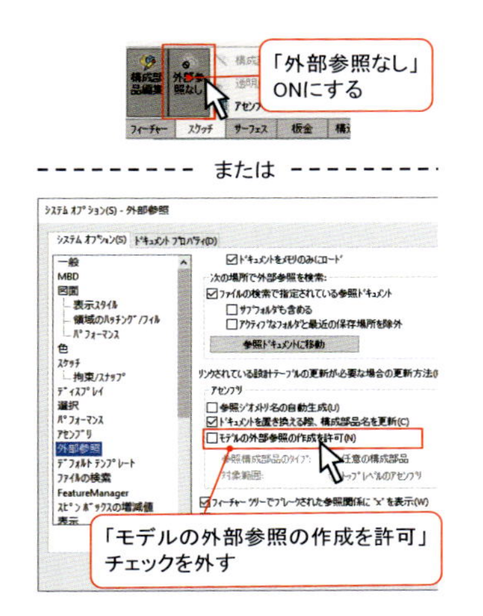

図4.8.1 外部参照なしの設定方法

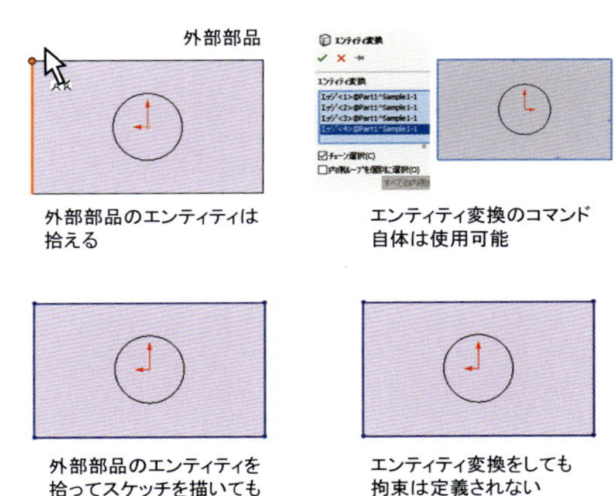

図4.8.2 外部参照なしの挙動

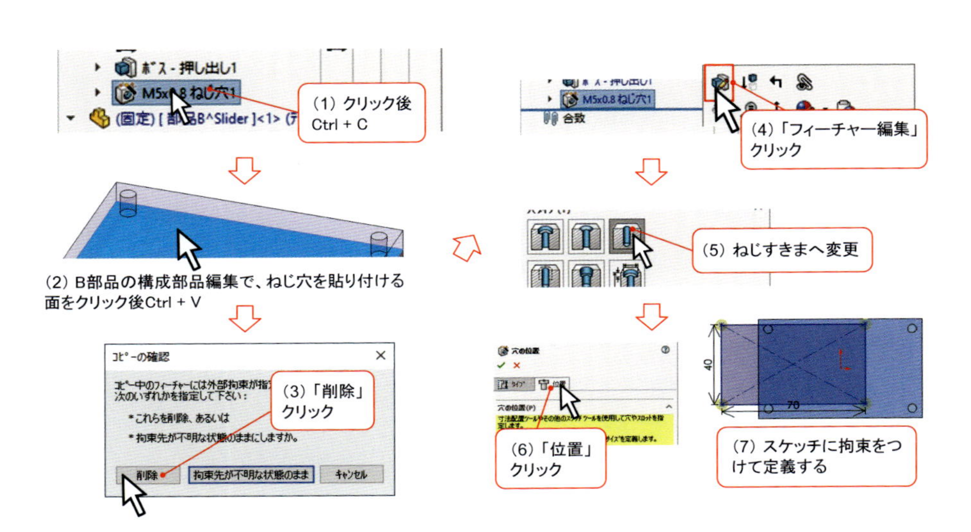

図4.8.3 フィーチャーを他の部品にコピーする方法

4-9 仮想構成部品と外部部品を理解しよう

SOLIDWORKSの構成部品は、保存されている場所によって大きく２種類に分けることができます。「仮想構成部品」と「外部部品」です。

仮想構成部品とは「アセンブリの中に保存されている構成部品」のことを指します。たとえばアセンブリファイルを開いて「アセンブリタブ > 構成部品の挿入▼ > 新規部品」をクリックすると、空の構成部品が作成されます。この状態でアセンブリファイルを保存すると、ここで作成された構成部品が仮想構成部品として保存されます。ツリーを見たときに部品名に［ ］がついているのが目印です。

一方で外部部品とは「そのアセンブリとは別の場所に保存されている（外部ファイル）構成部品のこと」を指します。たとえば「アセンブリタブ > 構成部品の挿入」をクリックして部品を挿入するときフォルダから部品ファイルを選択しますが、これは「アセンブリファイルが、外部に保存されているファイルを参照する」ということを意味しています。

● 仮想構成部品と外部部品の使い方

仮想構成部品と外部部品を使いこなすことは、トップダウン設計で作業を進めるうえで非常に重要です。設計の工程は大きく分けると「構想設計」と「詳細設計」に分けることができます。まず**構想設計においては、基本的に仮想構成部品でモデル作成していきます**。構想設計は設計変更が頻繁に発生するため、仮想構成部品でのモデリングによってファイル管理の手間を極力削減することが望ましいです。もし部品点数が多くてやりづらさを感じたり、複数人で手分けしてモデリングしたい場合に、サブアセンブリ単位で外部ファイル化します。

一方で詳細設計の段階では、部品製作の発注をするために各部品を別々のファイルとして管理することが望ましいので、外部ファイル化していきます。仮想構成部品を外部ファイル化するには、ツリーの構成部品上で「右クリック」からコマンド選択します。外部ファイル化するのが部品ファイルの場合は「部品を保存

（外部ファイルへ）」、アセンブリファイルの場合は「アセンブリを保存（外部ファイルへ）」をクリックします。すると指定保存のウィンドウが出てきますので、保存先を選択し「OK」をクリックすれば完了です。

購入品データについては設計事務所によって仮想構成部品にするか、外部部品にするかで分かれるので、それに従います。購入品データを仮想構成部品とする方法については136ページを参照ください。

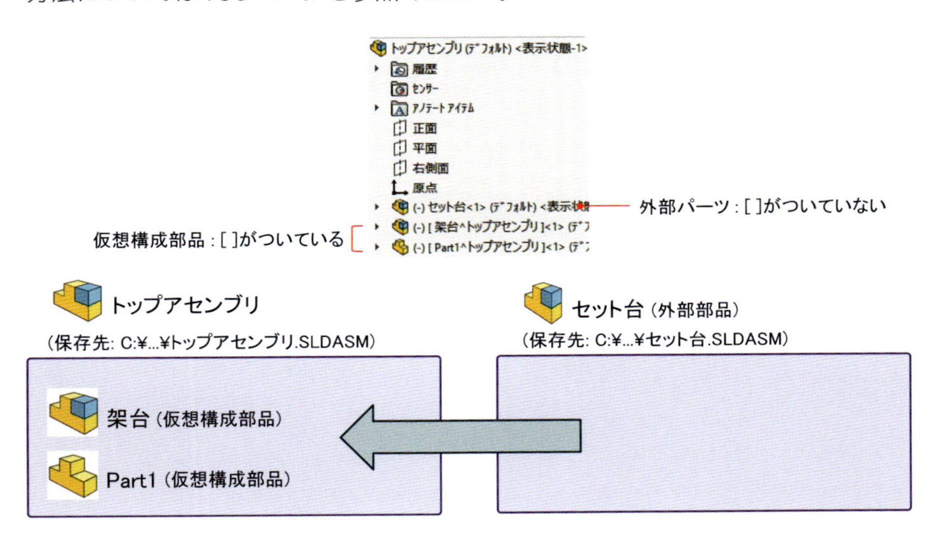

図4.9.1 仮想構成部品と外部部品のイメージ

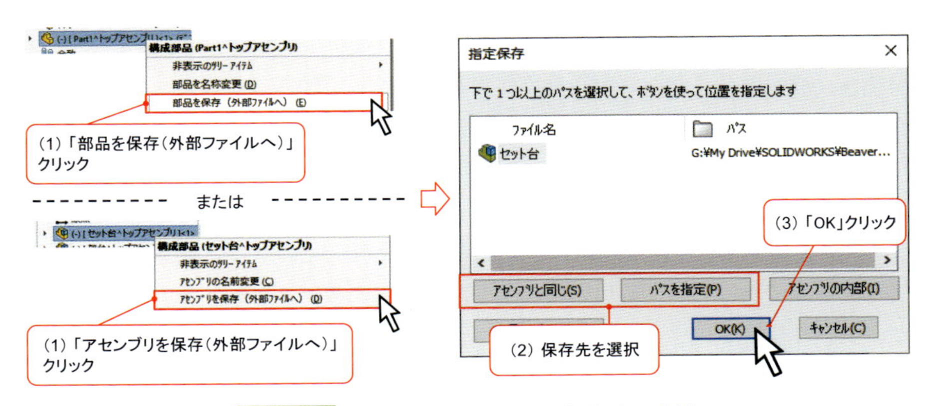

図4.9.2 外部ファイルとして保存する方法

4-10 エンベロープの活用方法

サブアセンブリファイルのモデリングを進めているなかで「別のサブアセンブリとの取り合いやスペースなどを確認しながらモデリングを進めたい」という場面があります。そのようなときに便利なのが「エンベロープ」という機能です。

エンベロープを使うには「アセンブリ ＞ 構成部品の挿入」をクリックし、挿入するサブアセンブリを選択したら、プロパティの「エンベロープ」にチェックを入れて挿入位置を確定すればOKです。ツリーで、挿入した部品のところにエンベロープのマークがついていればOKです。デフォルトの設定であれば、エンベロープとして挿入されたサブアセンブリは緑の半透明で表示されます。

もしエンベロープの参照元のモデルが変更された場合は、再構築の際にエンベロープのモデルにもしっかりと反映されるようになります。

● エンベロープのメリット

エンベロープは一見すると「単なる構成部品の挿入」と一緒のように思えますが、実はエンベロープの機能にしかない機能があります。

１つ目は「**エンベロープとして挿入された部品は、そのサブアセンブリの部品表に影響を与えない**」ことです。実際の設計業務ではその会社のルールとして「サブアセンブリごとに部品表を分ける」ということがよくあります。そのような際に、他のサブアセンブリが単なる構成部品として挿入されていると、その部品たちも部品表に掲載されてしまいます。一方でエンベロープとして挿入されていれば、グラフィック領域に他のアセンブリが表示されている状態だとしても部品表への影響はありません。

２つ目は「**エンベロープとして挿入された部品は、そのサブアセンブリの質量特性の計算に影響を与えない**」ことです。単なる構成部品として挿入してしまうと、そのサブアセンブリの重心・重量・慣性モーメントの計算などに影響してしまうため、計算の際に不必要な構成部品を非表示・抑制する必要があります。しかし、エンベロープを使えば、そのような煩雑な作業は必要ありません。

図4.10.1　エンベロープの使い方

部品番号	部品名	注記	個数
1	Part8^Base		1

図4.10.2　メリット1：部品表に影響を与えない

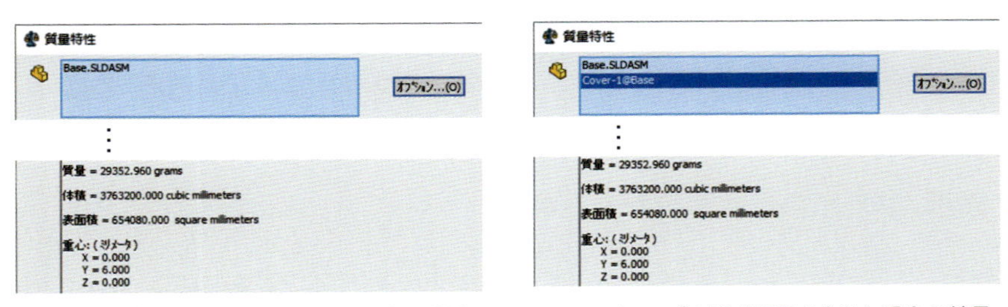

エンベロープの構成部品を含めない場合の結果　　エンベロープの構成部品を含めた場合の結果

図4.10.3　メリット2：質量特性の計算に影響を与えない

4-11 表示/非表示・表示スタイル・透明度・外観をマスターしよう

3Dのモデリングを進めていくと「モデルがごちゃついて見えにくい」や、逆に「フィーチャ作成時に描いたスケッチを表示させたい」などの場面があると思います。その際は「**表示/非表示**」「**表示スタイル**」「**透明度**」「**外観**」の4つの要素を上手く使いこなすことがコツです。各機能は以下の通りです。

- 【表示/非表示】：対象を「見える」「見えない」状態にする。非表示は「抑制」や「削除」とは異なり、単に「見えない」状態になるだけなので、合致の関係などは維持されたままになる。
- 【表示スタイル】：ワイヤーフレームなどの切り替えができる。
- 【透明度】：半透明にできる。半透明にした部品をグラフィック領域内で選択するには、Shiftを押しながらクリックする。
- 【外観】：面・フィーチャー・部品全体などに色を付けられる。

アセンブリ内の各構成部品について、これら4つの要素の状況確認・切り替えを簡単に行うには「表示パネル」を使います。デフォルトでは表示パネルは畳まれているので、ツリーの右上の「>」をクリックすることで展開できます。表示パネルは左から「表示/非表示」「表示スタイル」「外観」「透明度」を示しており、各構成要素の状態を一覧で確認できます。また、それぞれをクリックすることで切り替えもできます。非表示に設定した部品を一括で表示させたい場合は、ツリーの一番上の階層にあるアセンブリ上で「右クリック > 子も表示」をクリックすれば、全ての部品が表示に切り替わります。

● 表示/非表示のショートカットキー

表示/非表示にはデフォルトでショートカットキーが設定されています。構成部品を非表示にするには、グラフィック領域内でその部品にカーソルを合わせ「Tab」を押します。逆に表示させるには「Shiftを押しながらTab」を押します。

ただし、表示をさせたくとも非表示の部品は見えないのでカーソルを合わせる場所がわかりづらかったりします。そこで「ShiftとCtrlとTabを同時に押し続ける」と、非表示の部品が半透明で表示されます。そのまま表示させたい部品をクリックすれば表示に切り替えられます。

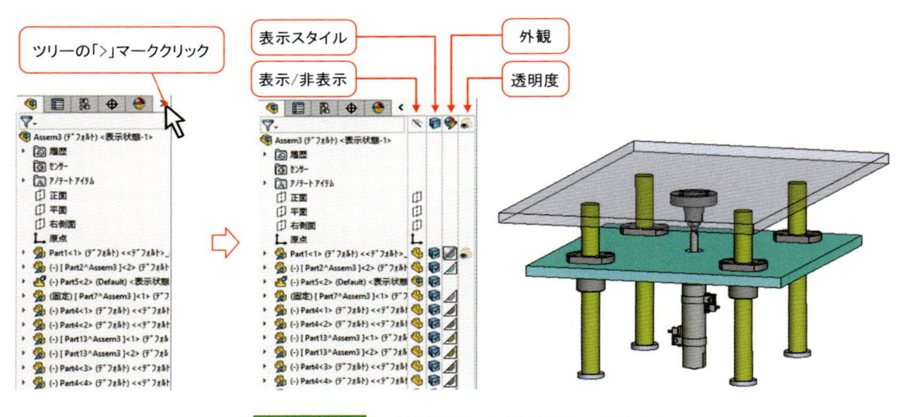

図4.11.1 表示パネルの展開と使い方

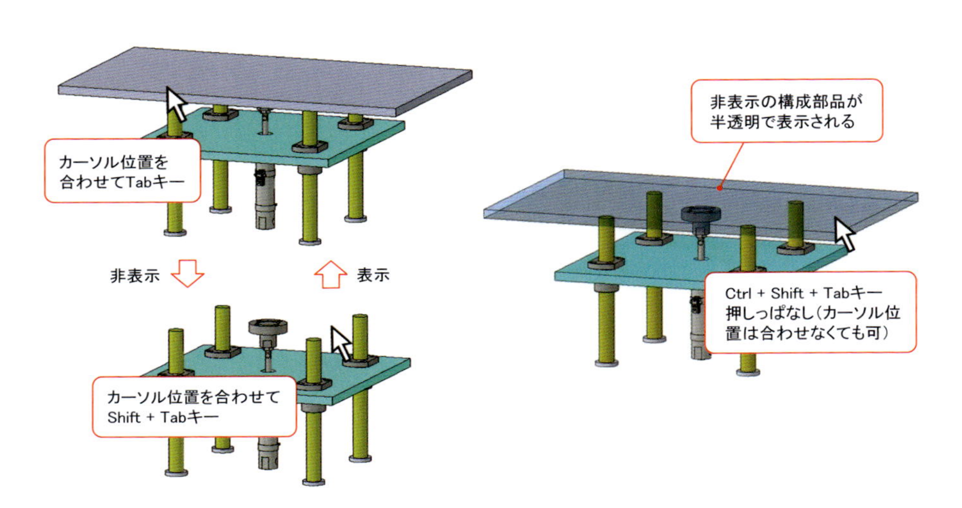

図4.11.2 表示/パネルの展開と使い方

4-12 合致のコンフィギュレーションの使い方のコツ

コンフィギュレーションはフィーチャーに対してだけではなく、合致に対しても設定可能です。これを使うと、たとえばアクチュエータで位置決め制御するような機構において、位置決めの場所ごとに異なる合致を登録できます。ここでは電動シリンダのアセンブリモデルを使って説明します。

まずはコンフィギュレーションを使うための準備から行います。アセンブリを開いたら、その中で動作しない部品を「固定」に設定します。もしアセンブリの座標系に対して扱いにくい位置に構成部品が配置されてしまっていたら、適切な配置になるように「基本平面で合致する」（106ページ）または「固定を使う方法」（108ページ）のどちらかを使って配置します。次に、動作する部品の基本平面（正面・平面・右側面）とアセンブリの基本平面とを合致します。このときのポイントは、**動作する部品の動作方向の合致については、合致タイプは「距離」を使う**ことです（合致する面が同じになる箇所でも「一致」ではなく「距離（0mm)」にします）。

続いてコンフィギュレーションを設定していきます。ツリーの動作する部品「合致」を展開し、距離の合致の上で「右クリック ＞ フィーチャーのコンフィギュレーション」をクリックし、「コンフィギュレーションの変更」のウィンドウを表示させます。テーブルの見出しで「距離」と書かれている隣のプルダウンをクリックし「D1」の項目にチェックを入れます。すると先ほど距離の合致をしたときに入力した寸法が表示されるようになります。その後テーブル内の「新規コンフィギュレーションの作成」をクリックし、コンフィギュレーションの名前を付けたら、そのコンフィギュレーションに対応するD1の寸法を入力していきます。すべての位置決め位置についてコンフィギュレーションとD1の寸法の設定が完了したら、OKをクリックして完了です。

最後に、実際に設定がうまくできたかを確認していきます。ツリーの上のほうにある「コンフィギュレーション」のマークをクリックし、先ほど作成したコンフィギュレーションをダブルクリックします。この時、グラフィック領域内のモデルに反映されていればOKです。

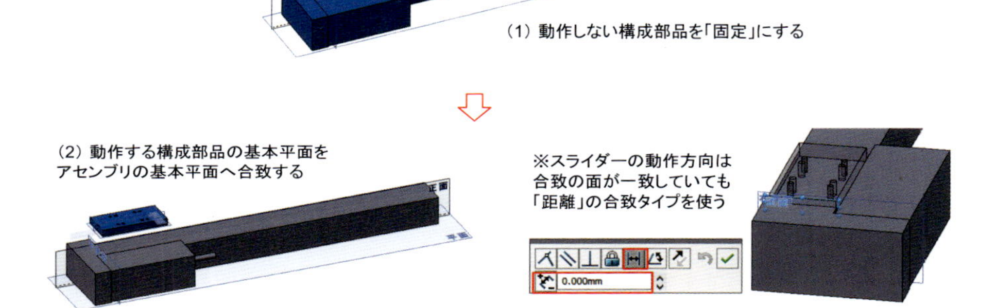

図4.12.1 合致のポイント

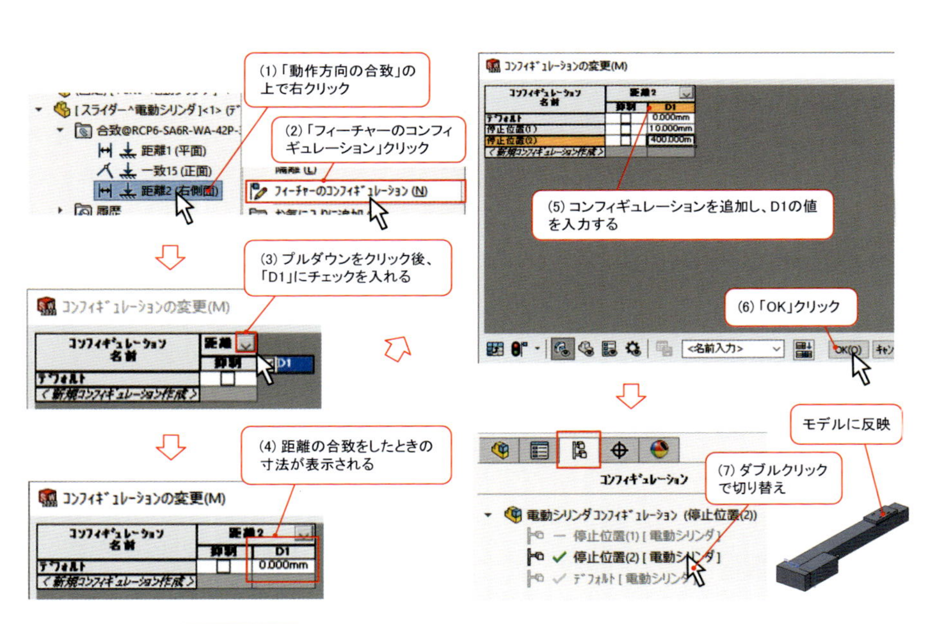

図4.12.2 合致のコンフィギュレーションの設定手順

4-13 構成部品同士の動きを確認するテクニック（1）

「構成部品のフィーチャーを使った合致は極力やらない」で解説をした通り、基本的にアセンブリで合致を設定していくうえで、部品同士を使った合致は非推奨です。ただしリンク機構などのような複雑な動きをする機構について、問題なく動きを実現できるかをCAD上で確認する場合においては、構成部品のフィーチャーを使った合致は有効です。

動きをマウスドラッグで確認する場合、動かしたい部品の自由度が１つ以上残るように合致をします。たとえばリニアガイドのレールとブロックの動きであれば、合致する際に、レールの長手方向は合致をせず、高さ方向と幅方向のみ合致します。さらにレールを固定として使う機構の場合には、レールを「固定」に設定します。そうするとブロックをマウスドラッグした際にレールに沿って動かすことができます。

この動作確認はリニアガイドのアセンブリファイルを、別アセンブリファイル内へ挿入した際にも有効です。ただしアセンブリ内に挿入されたアセンブリをマウスドラッグで動作させるためには、挿入したアセンブリを「フレキシブル」に設定する必要があります。ツリーの挿入したアセンブリ上で「右クリック > フレキシブル」をクリックすればOKです。

● マウスドラッグによる動きの確認時のポイント

ここで、マウスドラッグによる動きを確認する際のポイントを２つ紹介します。１つ目は「**動きの確認をする際は、専用のコンフィギュレーションを作成し、その中で行うこと**」です。つまり、出図用の「部品の組付け確認用のコンフィギュレーション」とは別にするということです。こうすることで再構築時のPCへの負荷を削減し、パフォーマンスを向上させられます。

２つ目は「**一度の動作確認は可能な限りシンプルにすること**」です。マウスドラッグによる動きの確認は、動きが複雑であるほど、また関連する部品点数が多いほど、PCの処理に大きな負荷がかかりソフトが落ちることがあります。「複雑な動き」というのは、たとえば「正接合致」や「カム合致」などです。合致面の裏表が反転するなどにより再構築時に合致エラーを引き起こしやすくなるので多用は禁物です。動作確認をするうえでは、ボルト類などの部品は不要なので、そのコンフィギュレーションの中では「抑制」に設定しておくのがよいでしょう。また、確認したい動作別にコンフィギュレーションを分けるのも有効です。

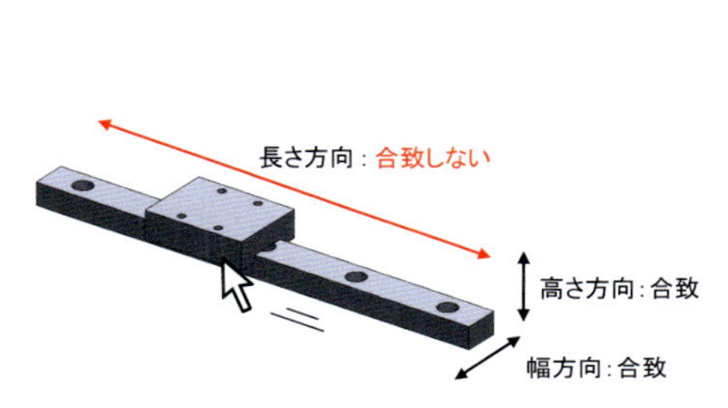

図4.13.1 部品同士の動きを確認する

図4.13.2 フレキシブルの設定方法

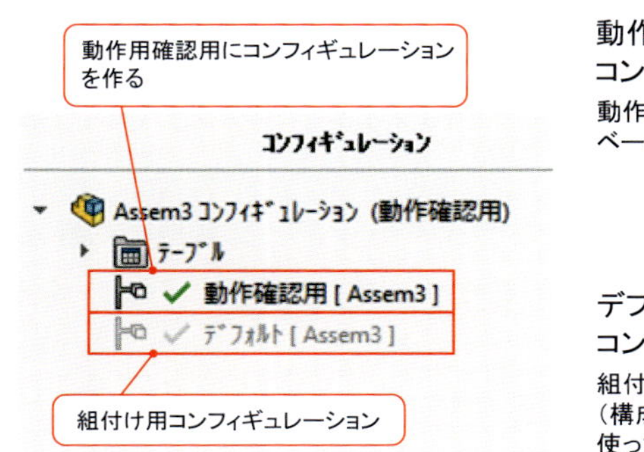

動作確認用
コンフィギュレーション
動作確認に関係ないボルト類・ベースプレートは抑制

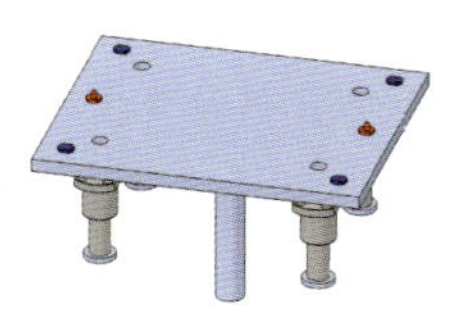

デフォルト
コンフィギュレーション
組付け確認用
（構成部品のフィーチャーを使った合致は極力やらない）

図4.13.3 動きの確認時のポイント

4-14 構成部品同士の動きを確認するテクニック（2）

● 衝突検知を活用しよう

マウスドラッグで部品を動かしたとき、特に何も設定しない状態では何か部品に干渉していたとしてもそのまますり抜けてしまいます。これでは、動作範囲で干渉がないかを確認できません。もし部品同士の動きと同時に干渉確認をしたい場合には「衝突検知」のコマンドを使用すると便利です。

まずモデルを干渉がないような位置になるようマウスドラッグで配置しておきます。続いて「アセンブリタブ > 構成部品移動」をクリックし、プロパティの「移動」を「フリードラッグ」に、オプションを「衝突検知」に、「衝突面で停止」にチェックをします。モデルをマウスドラッグすると、モデルが干渉した位置で停止するようになります。最初からモデル同士が干渉している状態で上記の手順を行っても、想定通りの挙動にならないので、必ず「構成部品移動」のコマンドを実行する前に干渉しない状態にしておきましょう。

● 衝突した部品をそのまま押して動作させるには

位置決めピンが取り付けられたリフターでワークを持ち上げる機構のように、マウスドラッグで動かした部品が相手部品と衝突した後に、その相手部品と一緒にそのまま押して動作させたい場合には「フィジカルダイナミックス」という機能を使用します。

まずモデルを干渉がない位置になるようにマウスドラッグで配置しておきます。続いて「アセンブリタブ > 構成部品移動」をクリックし、プロパティの「移動」を「フリードラッグ」に、オプションを「フィジカルダイナミックス」に設定すればOKです。この状態でリフターを上へマウスドラッグすると、それがワークに衝突したとき、ワークを押しながらリフターを上昇させるという動かしかたが可能です。

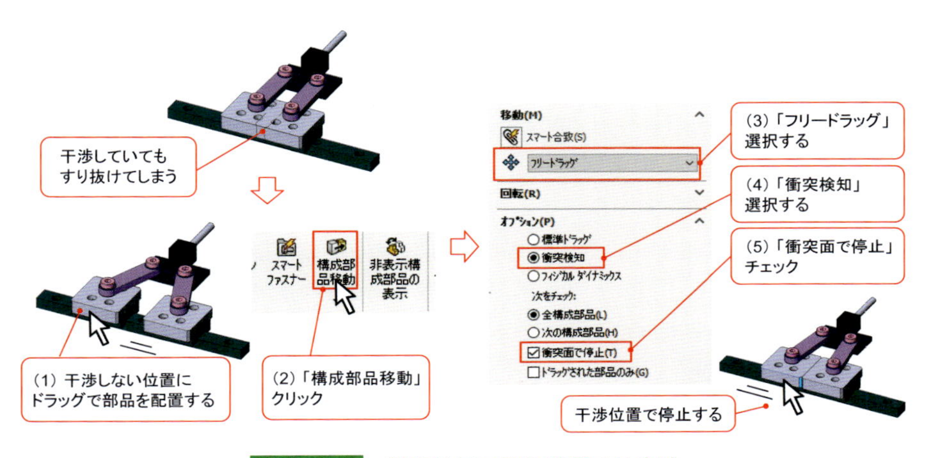

図4.14.1 衝突検知で動作確認する方法

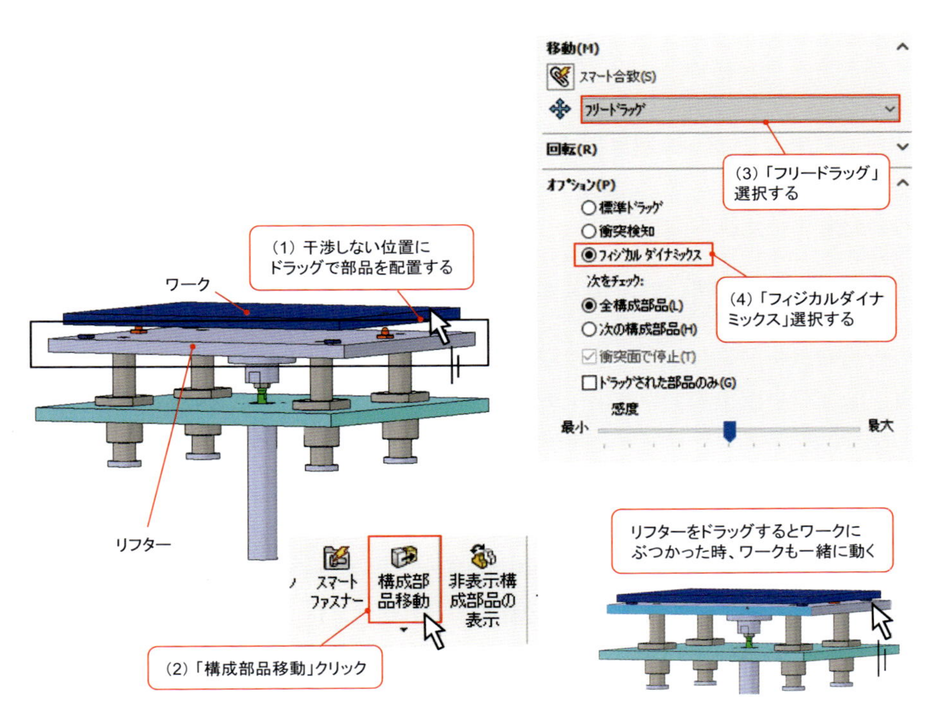

図4.14.2 フィジカルダイナミックスで動作確認する方法

4-15 ボルトを効率的に挿入する方法

アセンブリ内にボルトを挿入する作業をするなかで、一つ一つの穴に手作業で行うのは非常に煩雑です。実際の設計では、部品にあけられた穴のうち同じ機能・役割をもったもの（たとえばＡ部品を取り付けるためのボルト穴など）は、基本的にボルトの種類、ボルト径、ボルト長さは全て統一されることが一般的です。そのような箇所へのボルト挿入を一括で行いたいときに使えるコマンドが**「パターン駆動構成部品パターン」**です。

まずは部品編集で「フィーチャータブ ＞ 穴ウィザード」で穴を作成します。この時、**１回の穴ウィザードで作成する穴は必ず同じ機能の穴に限定するようにしてください**（詳しくは「フィーチャー作成の基本（2）：機能ごとにフィーチャーを分ける」（44ページ）を参照）。続いてアセンブリに戻り、先ほど作成した穴の一箇所にボルトを合致します。そして「アセンブリタブ ＞ 構成部品パターンの▼ ＞ パターン駆動構成部品パターン」をクリックし、「パターン化する構成部品」でボルトを、「駆動フィーチャーまたは構成部品」で穴を一箇所選択すれば完了です。

● タップ穴を参照してボルトを挿入する方法

一方で、キリ穴ではなくタップ穴を参照してボルトを挿入することもできます。まずは部品編集で「フィーチャータブ ＞ 穴ウィザード」でタップ穴を作成します。続いてアセンブリに移り、適切な位置にボルトを挿入できるよう相手部品を表示させておきます。そして１箇所にボルトを合致しておき、次の操作がしやすいよう相手部品を非表示にしておきます。そして「アセンブリタブ ＞ 構成部品パターンの▼ ＞ パターン駆動構成部品パターン」をクリックし、「パターン化する構成部品」でボルトを、「駆動フィーチャーまたは構成部品」でタップ穴を選択すればOKです。タップ穴を参照する方法は、リニアガイドのような多数の穴がある購入品に対してボルトを挿入したいときに便利です。

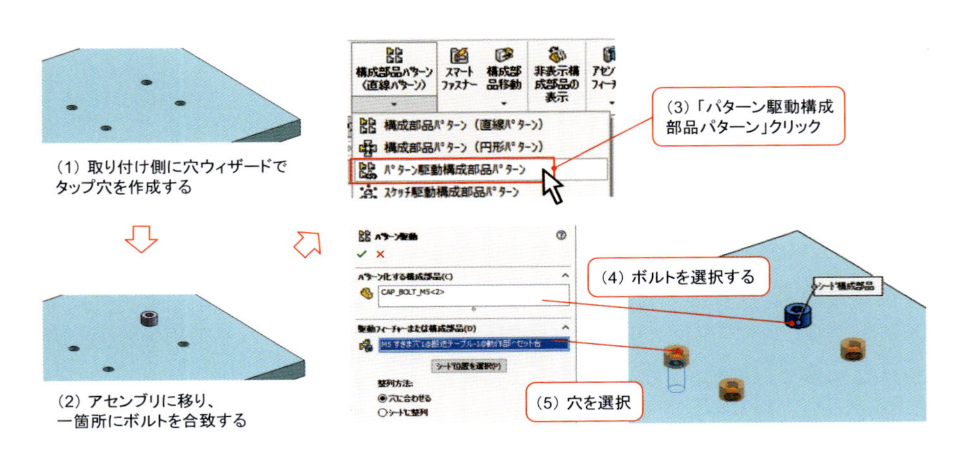

図4.15.1 タップ穴を参照したパターン駆動構成部品パターン

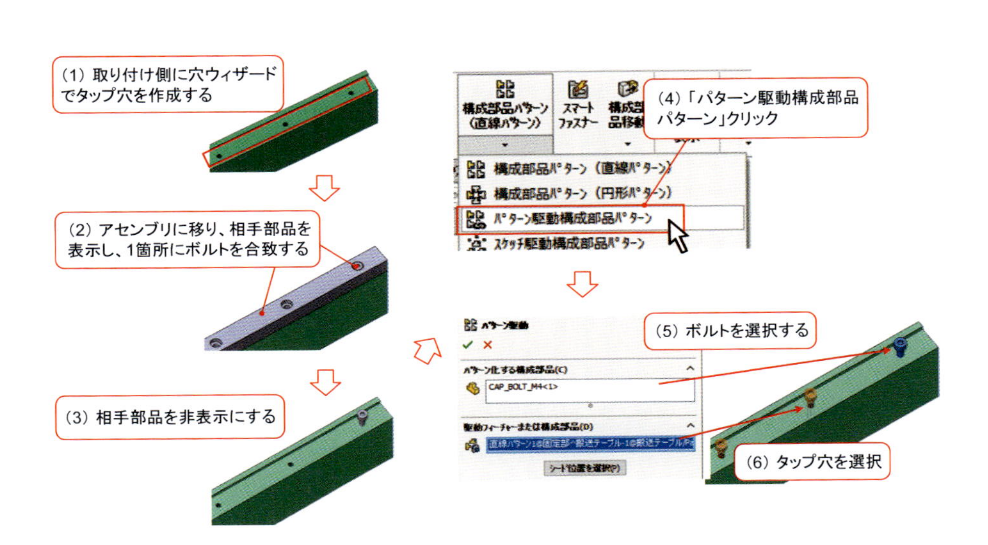

図4.15.2 タップ穴を参照したパターン駆動構成部品パターン

4-16 効率的にモデリングするコツ（1）：ビューを使いこなす

モデリングをする際は、グラフィック領域のビュー（視点）を操作し、その時点で作成されているモデルの状況を確認しながら進めていきます。基本的にはマウスでビュー操作をしていくことが多いですが、状況によっては面に対して垂直となるような視点（画面に対して真っすぐ向く視点）のほうが作業がしやすいです。視点の変更は、垂直にしたい面を選択した状態で「右クリック ＞ 選択アイテムに垂直」のアイコンをクリックするだけでOKです。これで選択した面が垂直になるようなビューに切り替えられます。

垂直ビューはスケッチを作成する際にもっとも多用するものですが、実はシステムオプションにて、スケッチの作業の際に自動的に垂直ビューになるよう設定できます。システムオプションを開き、「スケッチ ＞ スケッチ作成/スケッチ編集時にスケッチ平面を垂直にビューを自動回転」にチェックをいれます。効率的にモデリングするためには、状況に応じて表示方向を使いこなすことが重要です。

● 断面ビューを積極的に使おう

軸もののアセンブリの作業している場合などでは、断面ビューを使うとモデルの確認などがしやすくなります。ヘッズアップツールバーの「断面表示」をクリックし、プロパティやグラフィック領域を操作しながら都合のよい箇所になるよう断面の位置を調整し、左上の緑のチェックをクリックすれば完了です。

もし毎回断面を切るのが煩雑だと感じるのであれば、断面ビューを登録しておきましょう。断面を切り終わったら断面が垂直に向くようにビューを切り替えてから「ヘッズアップツールバー ＞ 表示方向 ＞ 新表示方向」をクリックします。続いて表示方向名を任意の名前で付けます。これで表示方向の作成が完了です。「ヘッズアップツールバー ＞ 表示方向」をクリックすると登録したビューの名前があり、そこをクリックすれば視点の切り替えが可能です。

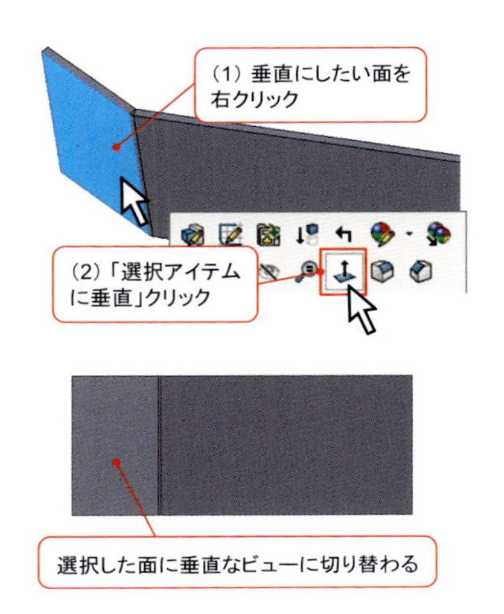

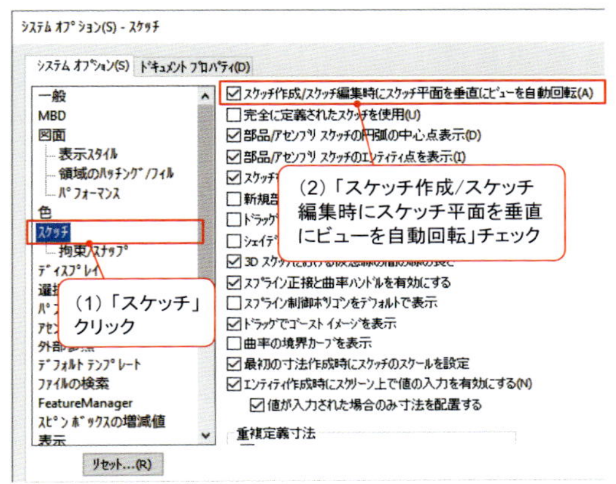

図4.16.1 垂直ビューに切り替える手順

図4.16.2 スケッチ時に垂直ビューにする方法

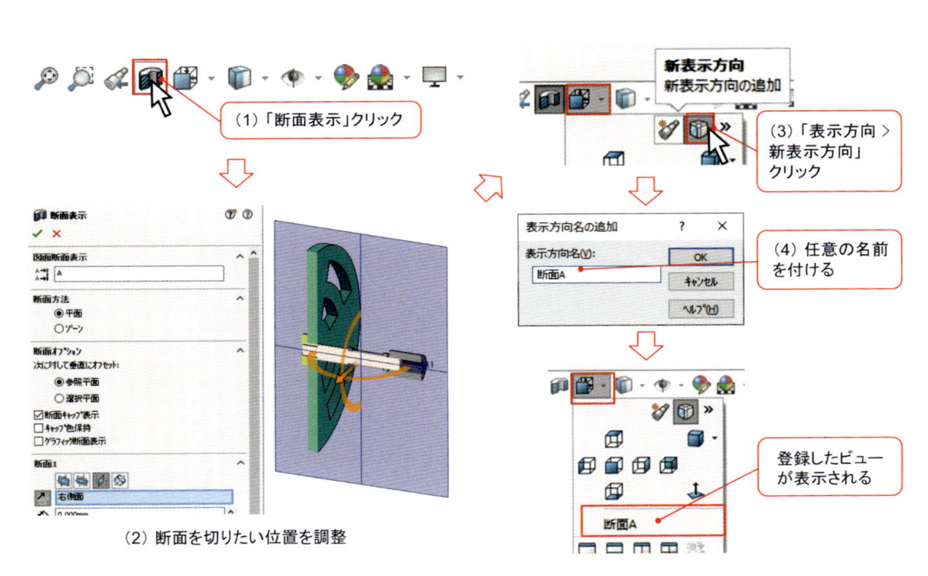

図4.16.3 断面表示の使い方と表示方向の登録

4-17 効率的にモデリングするコツ(2):定期的にツリーを整理する

アセンブリを操作していくなかで部品点数が増えてくると、ツリーが扱いにくくなってきます。たとえば構成部品が探しにくくなったり、構成部品の複数選択が煩雑になったりします。このようなときはツリーのフォルダ機能を使って、定期的にツリーを整理しておくとよいでしょう。

まずはフォルダとしてまとめたい部品を選択していきます。選択の方法は、ツリー上で選択してもグラフィック領域で選択してもどちらでもかまいません。選択した状態で、ツリー上で「右クリック > 新規フォルダーに追加」をクリックします。そして、任意のフォルダ名を付ければ完了です。もし後になって、さらにフォルダに追加したい構成部品が出てきた際は、ツリー上でその構成部品をフォルダへドラッグ&ドロップすれば追加できます。

● フォルダ機能の上手な使い方

ツリーをフォルダ整理するメリットは、構成部品などの検索性の向上以外にもあります。

まずフォルダとしてまとめると、フォルダ単位でモデルの表示/非表示や、抑制/抑制解除の切り替えができます。ツリーのフォルダ上で右クリックをすれば「表示/非表示」や「抑制/抑制解除」のコマンドが出てくるので、クリックすればOKです。

逆に「フォルダとしてまとめられた構成部品のみを表示する」ことも可能です。やり方ですが、まずツリーのフォルダ上で「右クリック > 反転選択」をクリックします。するとフォルダ以外のものが選択された状態になりますので、この状態でツリー上で「右クリック > 非表示」をクリックすれば、フォルダの部品のみを表示させられます。

フォルダ機能を使えば、モデリングの作業をしたい範囲に応じてグラフィック領域内の表示などを簡単に切り替えられますので、ぜひ活用してください。

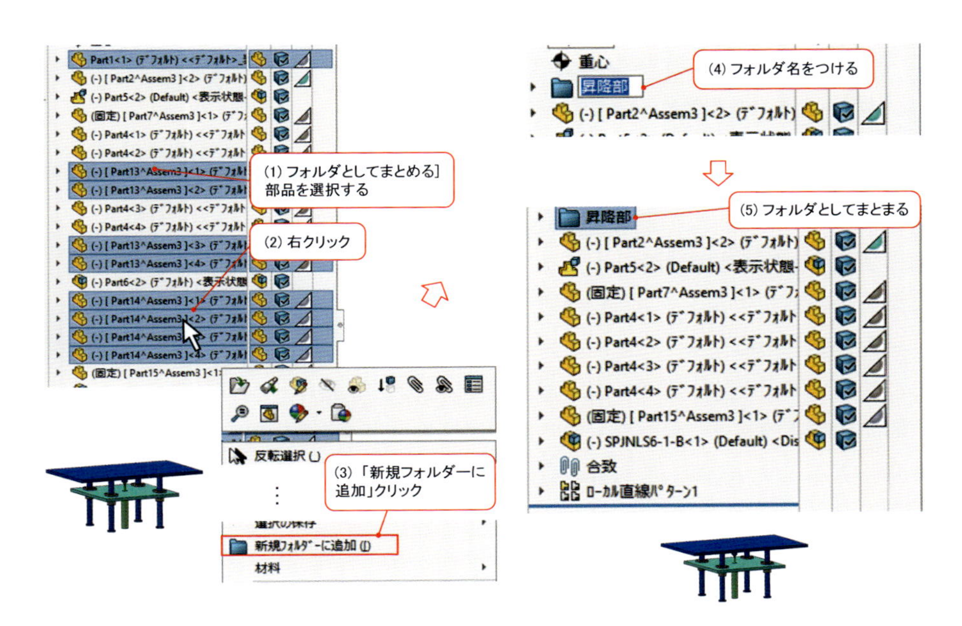

図4.17.1　構成部品をフォルダにまとめる方法

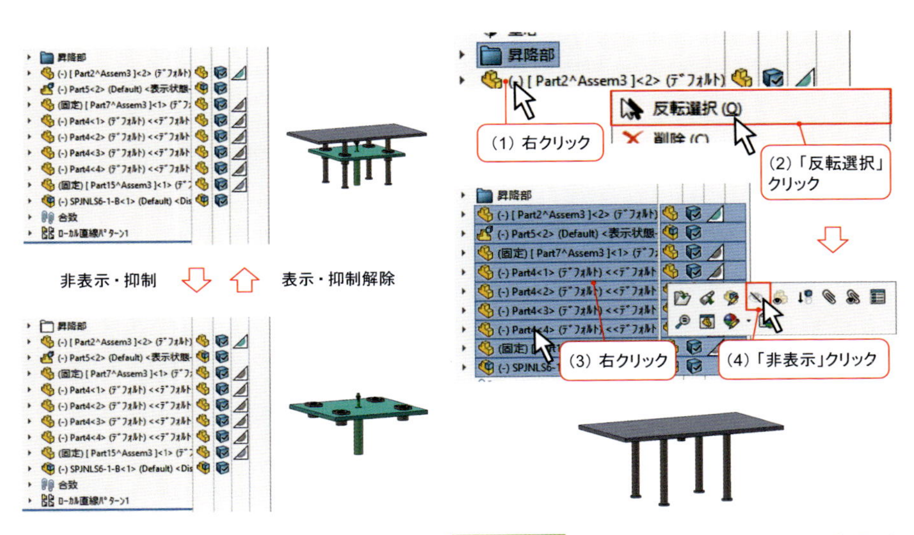

図4.17.2　表示/非表示、抑制/抑制解除の切り替え

図4.17.3　フォルダの部品のみを表示する方法

4-18 重量・重心・慣性モーメントを計算する方法

作成した3Dモデルで重量・重心・慣性モーメントを簡単に計算できることは、3DCADの強力な機能の一つです。設計したユニットのバランスを見たり、駆動系の設計をするうえで役立つ機能なので積極的に活用していきましょう。

今回は軸もののモジュールの座標を設定します。まずは各部品の材料の設定をしていきます。ツリーの構成部品上で「右クリック > 材料 > 材料編集」をクリックします。すると「材料」ウィンドウが出ますので、その中から設定したい材料を探します。自分で新しく材料を登録することも可能です。材料が見つかったら適用をクリックし閉じます。材料が設定されるとツリー上に設定された材料の情報が出るようになります。この材料の設定を、重心・慣性モーメントの計算にかかわるもの全てに対して行います。

次に座標を設定していきます（計算に使用する座標系がアセンブリの座標系と一致していれば、この操作は不要です）。座標を設定するための点を作成するので、「メニューバー > 参照ジオメトリ > 点」をクリックします。今回は軸端部かつ軸心の位置に座標原点を設定したいので、そこに点を作成していきます。続いて「メニューバー > 参照ジオメトリ > 座標系」をクリックします。そして、先ほど作成した点に座標原点が設定されるように座標系を設定します（今回の例では、軸心とZ軸とを一致させています）。

では重心・慣性モーメントを計算していきます。「評価タブ > 質量特性」をクリックすると「質量特性」のウィンドウが表示され、重量・重心・慣性モーメントが自動で計算が実行されます。「次に関連する出力座標系をレポート」の欄が「--デフォルト--」の部分を、先ほど作成した座標の名前（座標系1）に変更することで、その座標系での計算結果が表示されます。慣性モーメントの結果が2つ表示されていますが、上の結果は「重心で計算されたものの結果」ですから、座標系1の結果は下の結果を見ます。今回は軸心とZ軸とを一致させるようにして座標系を作成しており、軸心まわりの慣性モーメントを知りたいので「Izz」の数値がそれに該当します。

計算結果によっては単位が見にくい場合があります。その場合は、質量特性のウィンドウの「オプション」をクリックし、「単位 > ユーザー定義設定を使用」をクリックすると、単位を変更できます。

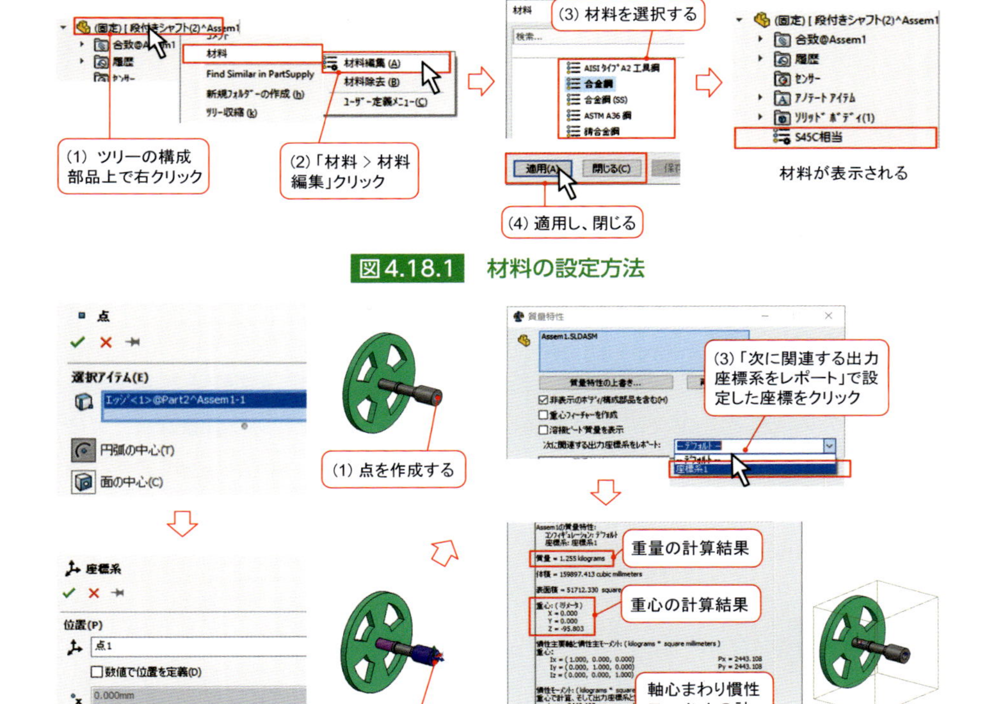

図4.18.1 材料の設定方法

図4.18.2 重量・重心・慣性モーメントの計算方法

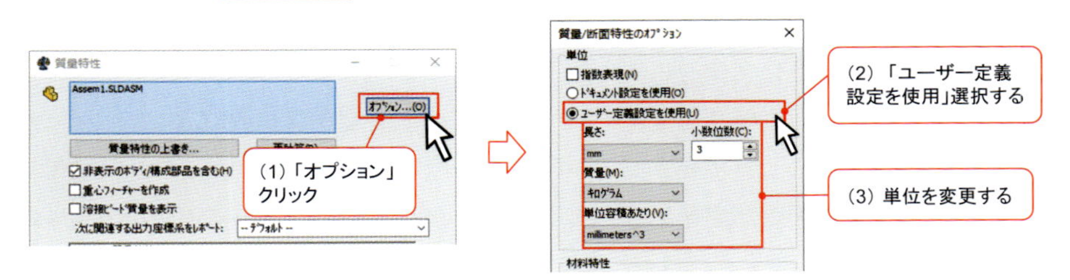

図4.18.3 単位変換の方法

4-19 購入品データの取扱いテクニック

● 動きを表現する必要のないデータはマルチボディにする

部品メーカーからダウンロードしてきた購入品データを見てみると、アセンブリデータになっているうえに複数の構成部品が含まれていることも珍しくありません。おそらく部品メーカーが3DCADデータを作成する都合でこのような形式になっていると思われますが、データを利用する側としてはファイル管理や部品表を作成するうえで手間がかかります。

そのため、もし購入部品データのなかで動きを表現する必要がないのであれば「マルチボディ」の機能を使うとよいでしょう。マルチボディにすることで**購入品データの構成部品が全てボディとなり、購入品データを１つの部品ファイルとして扱える**ようになります。購入品データのアセンブリを開いた状態で「メニューバー > 指定保存」をクリックします。保存のウィンドウが出たら「SOLIDWORKS Part（*.prt;*.sldprt）」形式で保存をします。保存したデータを開けば完了です。

● 仮想化

購入品データを装置設計のアセンブリ内へ挿入するためには、一度購入品データをフォルダへ保存する必要があります。ですが購入品データは出図されるわけでもないのにフォルダ管理をするのは煩雑です。「仮想化」の機能を使うことで、購入品データをアセンブリファイルの内部ファイルとして扱えます。

まず購入品データをダウンロードしたら「アセンブリタブ > 構成部品の挿入」をクリックします。プロパティにある「仮想化」のチェックボックスにチェックを入れた状態で部品モデルをアセンブリ内へ配置すればOKです。また「仮想化」にチェックを入れずに部品を配置してしまったとしても、ツリーの部品上で「右クリック > 仮想化」をすればOKです。これにより購入品データがアセンブリファイル内に保持されますので、ダウンロードしてきた購入品データは削除しても問題ありません。

ただしSOLIDWORKSの仕様で、構成部品を内部パーツ化する時に、自動的に名前の冒頭に「copy of」という文字が入ってしまいます。もしこれが不都合であれば、内部パーツ化した後に名前変更をする必要があります。

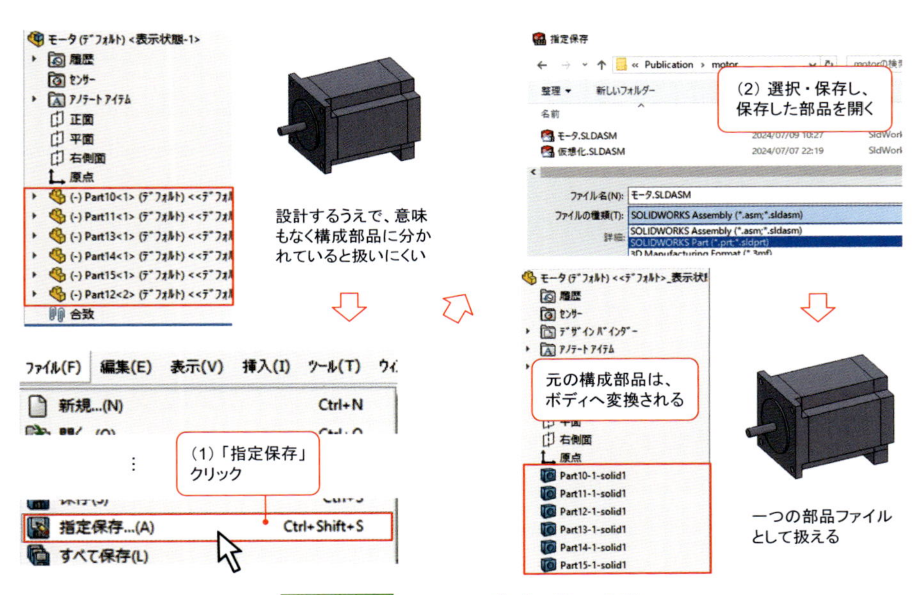

図4.19.1 マルチボディ化の方法

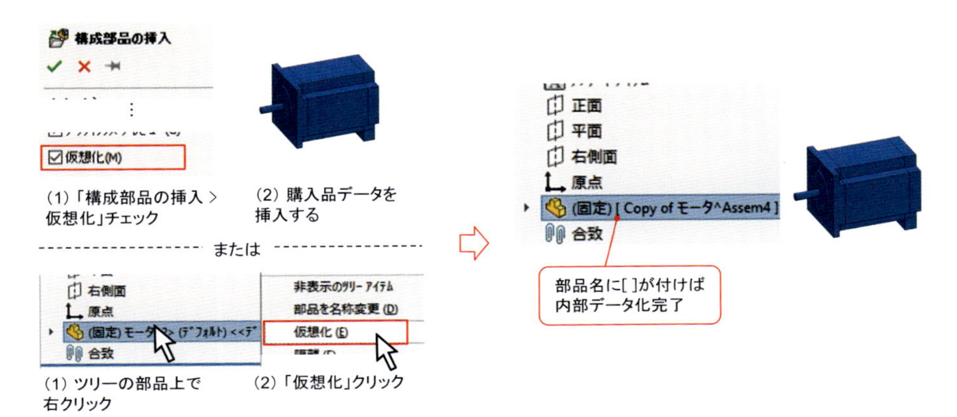

図4.19.2 仮想化の方法

4-20 部品表の作成方法

機械設計業務のほとんどの場合において、部品やアセンブリのデータとは別に、各部品の材質・数量・メーカ名・型式などの一覧表を「部品表」として作成します。一般的に部品表は2D図面内に描かれるか、エクセルで管理されるケースが多いのですが、本書では、SOLIDWORKSで作成した部品表からエクセルデータとしてエクスポートする方法でご紹介します。

まずは3D上に部品表を作成していきます。アセンブリファイルを開いたら「メニューバー > 挿入 > テーブル > 部品表」の順にクリックします。次にプロパティの「部品表タイプ」で「部品のみ」を、「部品コンフィギュレーションのグループ化」で「同一部品の全てのコンフィギュレーションを単一アイテムとして表示」を選択し、緑のチェックをクリックします。すると「アノテートアイテムビューの選択」というウィンドウが出ます。これは「部品表を挿入する面を選択してください」という意味です。特に理由がなければ「既存のアノテートアイテムビュー」を選択し「*正面」にしてからOKをクリックします。そして、グラフィック領域内に部品表をマウスクリックで配置すれば完了です。作成した部品表は、ツリーの「テーブル > 部品表 > 右クリック」でいつでも表示/非表示の切り替えが可能です。

続いてエクセルファイルとして保存をしていきます。ツリーの「テーブル > 部品表 > 右クリック」をクリックし、指定保存をクリックします。ウィンドウが開いたら、ファイルの種類のところで「Excel（CSVでも可）」を選択し、名前を付けて保存をすればOKです。

部品表に関する注意点が2つあります。1つ目は、**部品表は現在開いているアセンブリファイルに対してしか作成できない**ことです。たとえば「アセンブリA」という名前のファイルを開いている場合はアセンブリAの部品表の作成は可能ですが、アセンブリAの中にある「サブアセンブリB」という名前の部品表をアセンブリAの中に作成することはできません。もし「サブアセンブリB」の部品表を作成したい場合は、サブアセンブリBを外部ファイルとして保存した後にそのサブアセンブリを開くと作成可能になります。

2つ目は、部品表の編集についてです。挿入した部品表の中の値を修正する際は**部品表の各セルを直接編集してはいけません**。部品表の内容は各構成部品のプロパティなどの内容に基づいて自動で反映されています。ここで部品表を直接編集して個数などを変更してしまうと、自動反映の内容と齟齬が生じるため、自動反映の機能がオフになります。設計変更をした際に部品表の内容が自動反映されませんので、設計ミスに繋がりかねません。部品表のセルを編集する際は、該当の構成部品のプロパティなどを開いて編集しましょう。

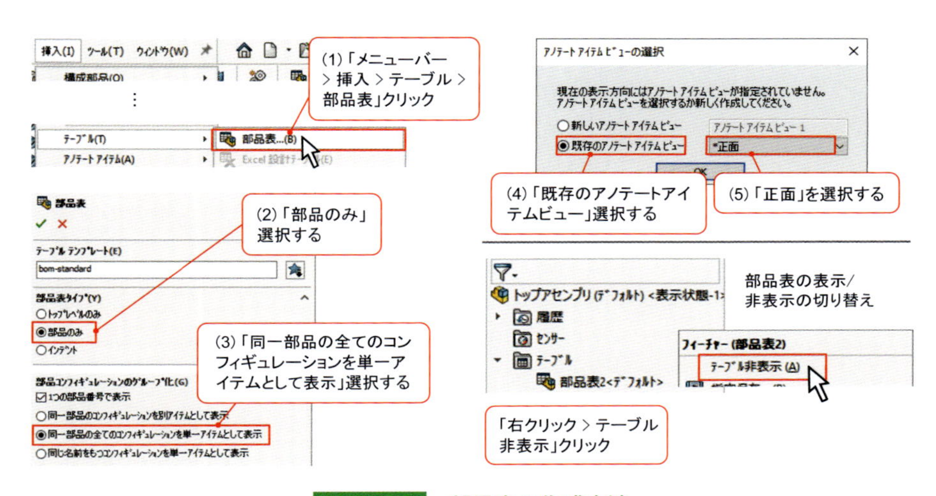

図4.20.1 部品表の作成方法

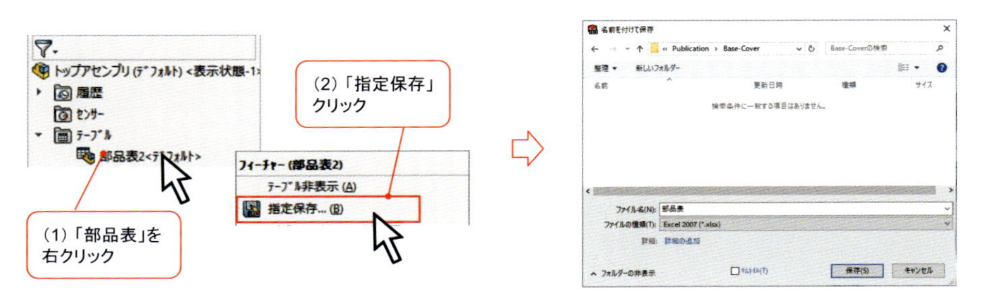

図4.20.2 エクセルファイルへの保存方法

4-21 部品表へのモデル反映の設定に関するテクニック

● アセンブリ名を部品表に反映させる方法

「部品表の作成方法」の手順に従って部品表を作成すると、**部品はリストアップされる一方で、アセンブリはリストアップされません。**

そのため、たとえば購入品のアセンブリデータのように、逆にサブアセンブリ名を部品表に載せたい場合にはデメリットとして働きます。単に購入品データをアセンブリ内に挿入しても、部品表にはその購入品アセンブリの構成部品が掲載されてしまいます。その購入品が動きのない部品であればマルチボディへ変換することで解決できますが、「電動シリンダ」のように部品の中で動きを表現したい場合にはマルチボディへの変換では解決できません。このような場合の解決方法を紹介します。

まずはツリーの部品表に載せたいサブアセンブリ上で「右クリック > サブアセンブリを開く」をクリックし、その後、ツリーからConfiguragion Managerに切り替えます。その中から部品表に載せるコンフィギュレーションの上で「右クリック > プロパティ」をクリックします。そしてプロパティの「サブアセンブリとして使用する子構成部品の表示」を「非表示」に切り替えて、このアセンブリファイルを上書き保存すれば完了です。元のアセンブリに戻り再構築をすれば、部品表にはアセンブリ名のみが表示されるようになります。

● 構成部品を部品表から除外する方法

部品表にはねじなどの部品も自動で載りますが、それらは部品表に載せたくないという場合があります。このような場合は、ツリーで部品表から除外したい部品を選択し「右クリック > プロパティ」をクリックします。プロパティの右下にある「部品表から除外」のチェックを入れてOKをクリックすれば完了です。

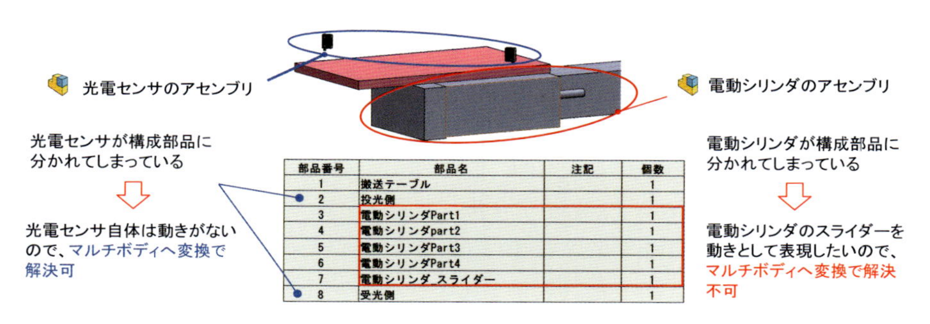

部品番号	部品名	注記	個数
1	搬送テーブル		1
2	投光側		1
3	電動シリンダPart1		1
4	電動シリンダpart2		1
5	電動シリンダPart3		1
6	電動シリンダPart4		1
7	電動シリンダ_スライダー		1
8	受光側		1

図4.21.1 アセンブリが部品表に反映されないことのデメリット

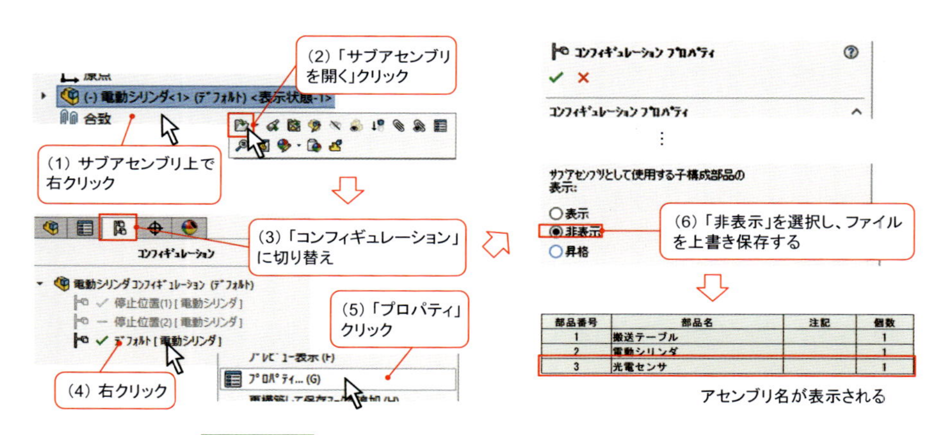

部品番号	部品名	注記	個数
1	搬送テーブル		1
2	電動シリンダ		1
3	光電センサ		1

図4.21.2 アセンブリ名を部品表に反映させる方法

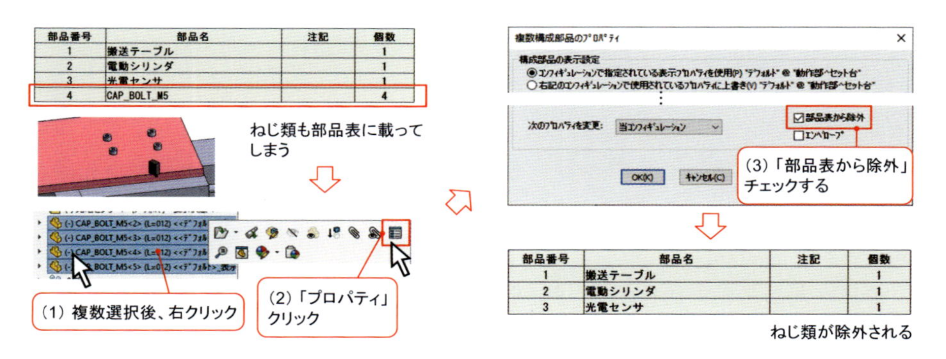

部品番号	部品名	注記	個数
1	搬送テーブル		1
2	電動シリンダ		1
3	光電センサ		1
4	CAP_BOLT_M5		4

部品番号	部品名	注記	個数
1	搬送テーブル		1
2	電動シリンダ		1
3	光電センサ		1

図4.21.3 部品を部品表から除外する方法

4-22 部品表のカスタマイズ

部品表は、SOLIDWORKSのデフォルトのテンプレートを使えば作成できるのですが、多くの設計事務所では独自の部品表フォーマットがあります。ここではSOLIDWORKSの部品表をカスタマイズする方法を紹介します。今回は「名称」「メーカー」「材質」の３つのプロパティを追加していきます。

まずは部品のプロパティを作成していきます。アセンブリファイルを開いた状態で「タスクパネル > ユーザー定義プロパティ > 今作成」をクリックします。すると「Property Tab Builder」が表示されます。まず中央の「ユーザー定義プロパティ」列内を選択していない状態で、右列の「タイプ」が「アセンブリ」になっていることを確認します。続いて左列の「テキストボックスを「ユーザー定義プロパティ > グループボックス」内へドラッグして、プロパティ３つ分を追加します。追加したテキストボックスをクリックすると、その「コントロール属性」が右列に表示されますので「キャプション」「名前」を編集します。これを各テキストボックスにて行います。入力が終わったら「指定保存」をクリックして保存します。注意点として、**このファイルの保存先は特定の場所にする必要があります。**「システムオプション > ファイルの検索」で「次のフォルダを表示」を「ユーザー定義プロパティファイル」にすると表示されますので、その場所へ保存してください。同様の流れで「Property Tab Builder」の中央の「ユーザー定義プロパティ」列内を選択していない状態で、「タイプ」を「部品」にして行います。

アセンブリファイルを一度閉じてから再度開き直したら、構成部品を選択した状態で「タスクパネル > ユーザー定義プロパティ」をクリックすると、先ほど作成したプロパティが表示されます。必要事項を入力し「適用」をクリックします。これを各構成部品すべてに対して行います。

続いて部品表を作成します。「部品表の作成方法」を参考に部品表を挿入します。そして部品表の任意の列を選択し「右クリック > 挿入 > 列を右へ」をクリックします。プルダウンが出てきますので、列タイプを「ユーザー定義プロパティ」、プロパティ名を「先ほど作成したもの」に変更すると、部品表へ反映されます。不必要な列の削除や文字サイズを適宜設定したら部品表の完成です。

作成した部品表をテンプレートファイルとして保存するには「部品表の左上にある十字の矢印マークを右クリック > 指定保存」をクリックし、ファイル名を付けて保存をします。次回から部品表を作成するときに、プロパティの「テーブルテンプレート」から呼び出せます。

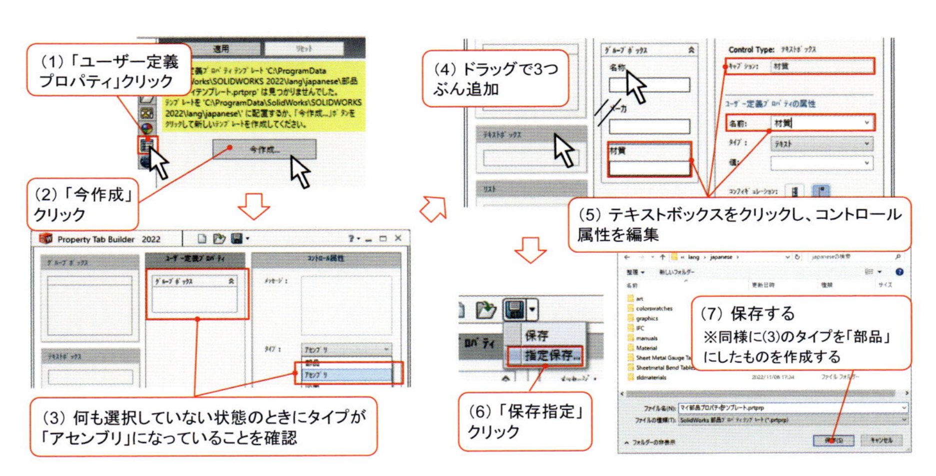

図4.22.1 ユーザー定義プロパティの作成

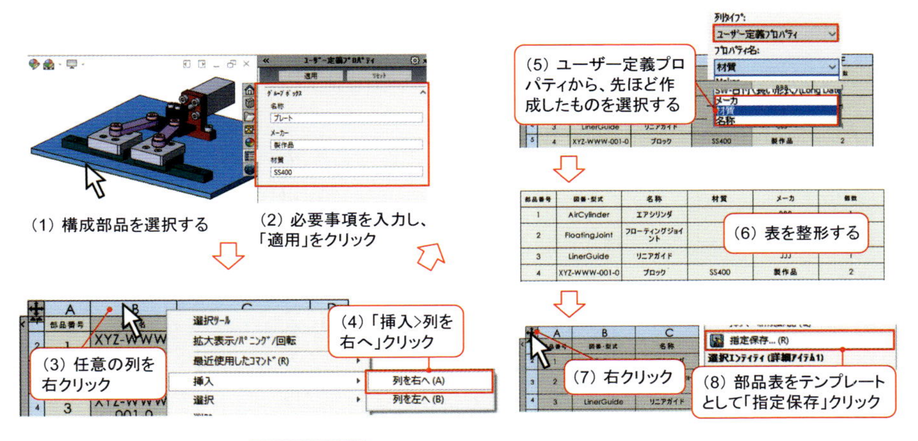

図4.22.2 部品表のカスタマイズ方法

4-23 ファイル・フォルダの名前変更や移動をする時の注意

装置の設計を進めている途中で、ファイルやフォルダの名前の変更や、別のフォルダへ移動をしたい場合があると思います。たとえば、プロジェクトの途中で発行された正式な図番（図面番号）を各ファイルに反映させたいときなどです。このときの注意点として、**Windowsのエクスプローラ上でのファイル・フォルダの名前変更や移動は避けましょう**。このような操作による変更・移動をしてしまうと、アセンブリファイルはその名前変更・移動を知らないため、ファイルを読み込めなくなります。適切な名前変更や移動の操作は主に2つあります。

● エクスプローラのSOLIDWORKSメニューを使う

この方法は関連するファイルをすべて閉じた状態で行います。エクスプローラ上で名前変更や移動をしたい部品ファイル上で右クリックします。すると「SOLIDWORKS」というメニューが表示されます。「名前変更」をクリックすれば部品ファイルの名前変更、「移動」をクリックすれば部品ファイルの移動先を指定して移動させられます。

フォルダ名を変える際は、専用のコマンドなどが特に用意されていないので、エクスプローラ上でフォルダを新規作成して名前を付け、そのフォルダに「SOLIDWORKS」のメニューを使ってファイルを移動させます。

● SOLIDWORKS内で名前変更をする

名前変更は、SOLIDWORKS内でも操作できます。まずシステム設定を開き「FeatureManager > FeatureManagerツリーから構成部品の名前変更を有効化」にチェックを入れます。続いてアセンブリまたは部品ファイルを開き、名前を変更したい部品名の上で「右クリック > 部品を名称変更」をクリックします。このとき「ドキュメントの名前変更」の警告が出た場合は「ドキュメントの一時的な名前変更」をクリックします。ファイルを保存すると「ドキュメントの名称変更」の警告が出ますが「使用先の更新」にチェックをしてOKを押します。これによって、部品ファイル自体の名前変更に加え、この部品ファイルを参照していたアセンブリファイルの参照先にも名前変更が適用されるようになります。

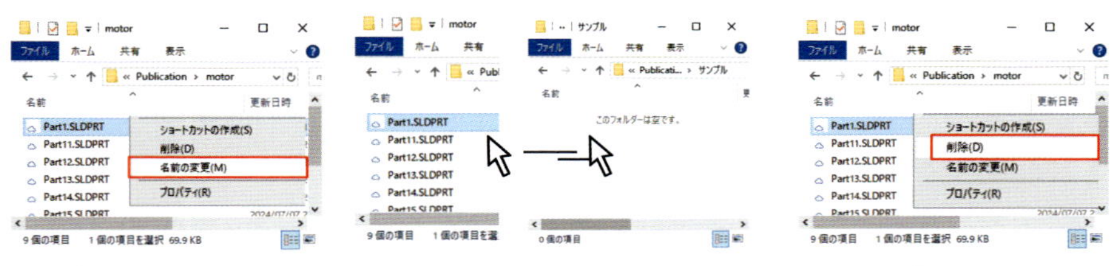

図4.23.1 アセンブリのエラーの原因になる操作例

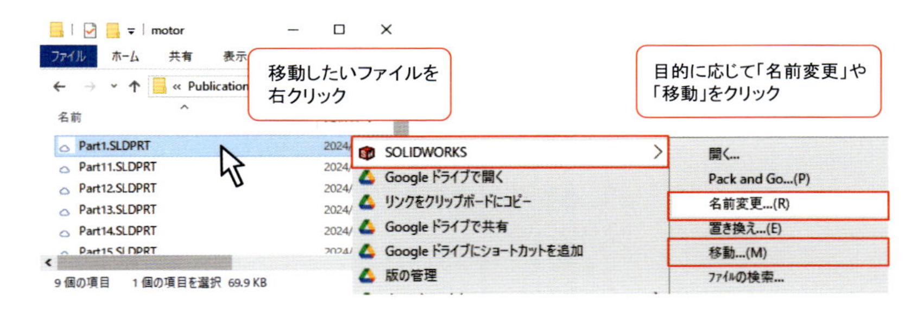

図4.23.2 SOLIDWORKSメニューの場所

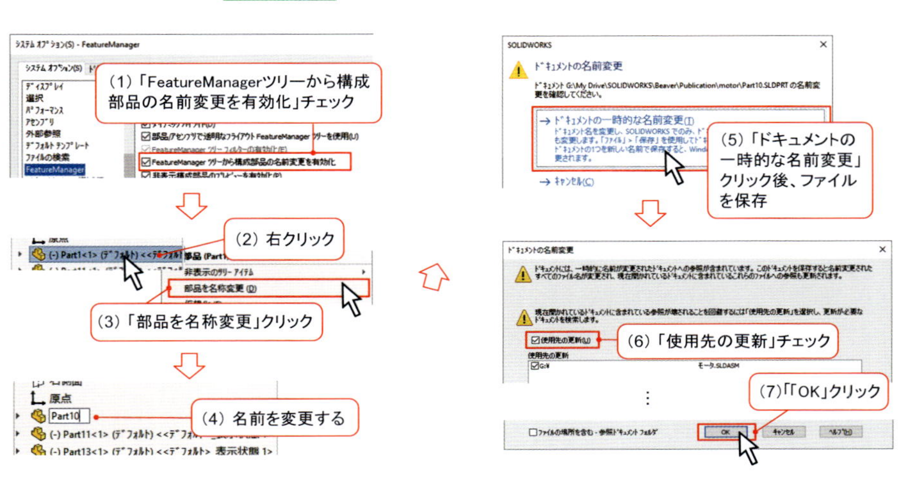

図4.23.3 SOLIDWORKS内での名前変更の方法

4-24 「ファイルを見つけることができません」が出たときは?

アセンブリファイルなどを開いたときに「ファイルを見つけることができません」というウィンドウが出たときの対処法について解説します。

ウィンドウが出たら「ファイルの参照」をクリックします。すると「開く」ウィンドウが開くので、その中から正しい参照先のファイルを探し「開く」をクリックします。指定した部品ファイルがアセンブリへ反映されれば完了です。

一連の操作が完了した後は、念のため部品ファイルが正しく読み込まれているか、モデルを確認するようにしてください。読み込まれたファイルの座標がズレていることがあるので、その際はアセンブリ内で移動や合致を使って、正しい位置・姿勢に配置しましょう。

● あらかじめどの部品を対処すべきかが分かっている場合の方法

アセンブリファイルを開く前から「どの部品ファイルの参照先を変更するべきか？」が分かっている場合、わざわざアセンブリファイルを開かなくても対応する方法があります。

まず、関連するファイルはすべて閉じた状態にしてから「メニューバー > ファイル > 開く」をクリックします。すると「開く」ウィンドウが開きますので、その中からアセンブリファイルを選択状態にします（このときダブルクリックはしないでください)。開くウィンドウの右下に「参照」ボタンが現れるのでクリックすると「参照ファイルの位置編集」のウィンドウが出ますので、その中から参照先を変更する必要のある部品を探します。該当するファイルが見つかったら、別のファイルを指定する場合は「名前」の列を、別のフォルダを指定する場合は「フォルダ内」の列をダブルクリックします。するとエクスプローラが開きますので、参照先のファイルやフォルダをダブルクリックします。「参照ファイルの位置編集」で変更された箇所がハイライトされたのを確認しOKをクリックします。最後に「開く」ウィンドウに戻ってきたら、アセンブリファイルを開けば完了です。

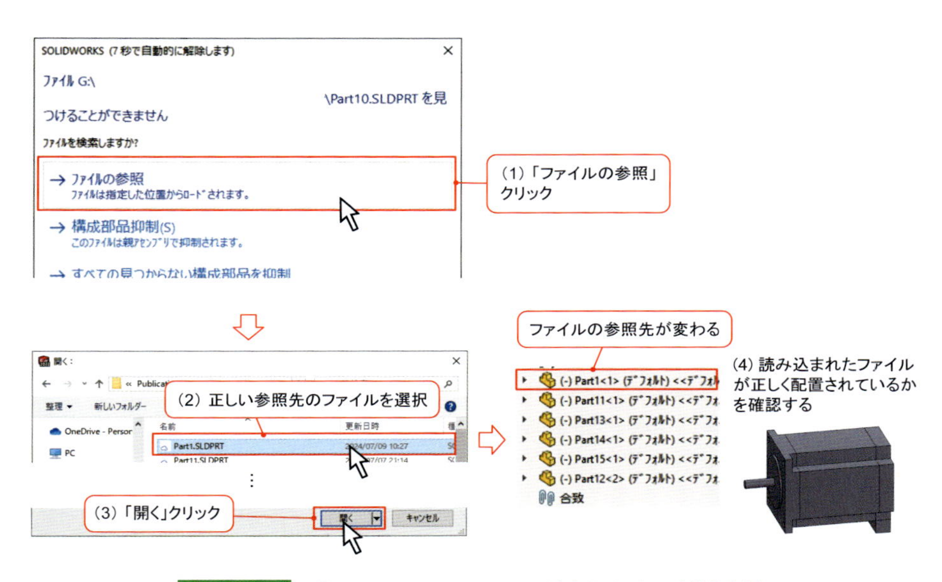

図 4.24.1 参照ファイルのエラーが出たときの対処方法

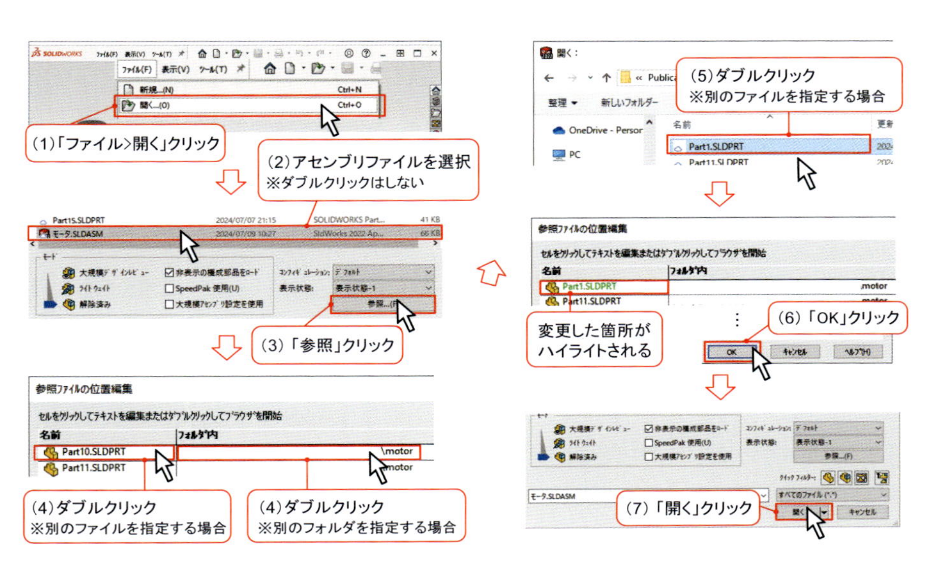

図 4.24.2 あらかじめ該当部品がわかっている場合の対処方法

4-25 エクスポートのテクニック

設計業務で、特定のモジュールの詳細設計・図面作成を依頼するために、SOLIDWORKSを使っている外部企業へサブアセンブリとその構成部品のファイルを送付したい場合があります。その際、さまざまな保存場所に散らばっているファイルを一つ一つ探してフォルダへコピーするのは非常に煩雑ですし、送付するファイルの抜け漏れのリスクもあります。そのようなときは「Pack and Go」という機能を使うと、コマンド1つで容易にファイルをひとまとめにできて便利です。

まずはサブアセンブリを開いたら「メニューバー > ファイル > Pack and Go」をクリックします。Pack and Goのウィンドウが表示されますので、保存先を指定します。次にウィンドウの上を見ると、図面ファイルや抑制されている構成部品を含めるかのチェックボックスがあるので適宜チェックをしていきます。ウィンドウの右下に「どのようなファイル構成にするか？」の選択肢が3つあります。これは設計プロジェクトで決められているフォルダの管理方法などと照らし合わせて、もっとも都合のよいものを選べばOKです。最後に保存ボタンをクリックすれば、指定した保存先にサブアセンブリとその構成部品のフォルダのコピーが作成されます。

● 中間ファイルでエクスポートする方法

SOLIDWORKSで作成したモデルを他の3DCADや3Dビュワーで扱えるような形にする場合は、中間ファイルへ変換するのが一般的です。

中間ファイルへ変換をするには、まず「メニューバー > ファイル > 指定保存」をクリックします。その後ファイルの種類のセレクトタブをクリックすると、様々な中間ファイルの形式を選択できます。希望のものを選び「保存」をクリックすれば中間ファイルへの変換が完了です。中間ファイルには複数の種類があります。それぞれの特徴について次ページにまとめていますので、参考にしてみてください。

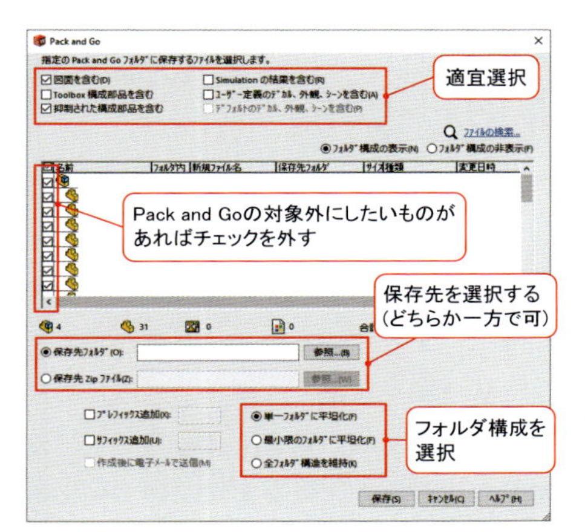

①単一フォルダに平坦化

指定した保存先フォルダ内へ、さらなるフォルダ階層などは作らずに構成部品のデータを保存する。

②最小限のフォルダに平坦化

指定した保存先フォルダ内へ、空のフォルダなどを削除しつつフォルダ構造が維持されるようデータを保存する

③全フォルダ構造を維持

指定した保存先フォルダ内へ、空のフォルダなども含めて全てのフォルダ構造が維持されるようデータを保存する

図4.25.1 Pack and Goの使い方

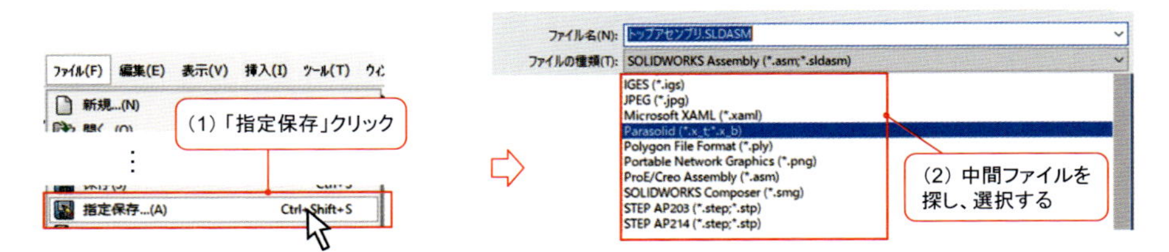

中間ファイル	拡張子	特徴
IGES	*.igs	比較的古いフォーマットなので、多くの3DCADで対応している。 一方で部品形状が崩れるなど、しばしばトラブルが起こる。 サーフェスデータのやり取りをする際に使われることがある。
STEP AP203	*.step *.stp	中間ファイルとしてかなり広く使われる。STEP AP214よりも古いフォーマット。IGESよりは精度が高いと言われている。
STEP AP214	*.step *.stp	STEP AP203をベースにさらに精度向上、機能追加されたフォーマット。 データ変換によるトラブルが少ない。 部品の色の情報なども保持できる。
Parasolid	*.x_t *.x_b	データ変換によるトラブルが少ない。 部品の色の情報なども保持できる。 バージョンが複数あり、バージョンが高いほうがデータ変換の精度がよいが、それを読み込むCADが対応しているか確認が必要。 主要なCADはサポートされている。 中間ファイルとしては、ファイルサイズが比較的小さい。
STL	*.stl	三角形メッシュでモデルを表現する。精度が低く、特に曲面に弱い。 部品の属性情報（材質など）も失われる。 3DプリンタでG-CODEを作成するためのアプリなどで使われる。

図4.25.2 中間ファイルへのエクスポートの方法と、中間ファイルの特徴

4-26 アセンブリ内の部品が編集できない原因と対策

3Dデータの中間ファイルであるstepのアセンブリデータをダウンロードしてきてSOLIDWORKSで開くとします。難なくアセンブリデータを開くことはできるのですが、一方でこのアセンブリデータに含まれている部品データを編集できないことがあります。「アセンブリタブ > 構成部品編集」は使用できなくなっていますし、ツリーの構成部品上で右クリックをしても「構成部品編集」や「部品を開く」のアイコンが出てきません。また、ツリーをよく見ると、緑の矢印のアイコンが表示されているのが見えます。

この原因は「3D Interconnect」という機能です。これは「他のCADデータや中間ファイルを変換せずに開く」という機能です。これによりファイルを開いた際の読み込み時間を短縮したり、他のCADでモデルの形状変更されたとしても、SOLIDWORKS側にも変更が自動反映されるというメリットがあります。しかし、この機能を使って開いたファイルはSOLIDWORKS用に変換されているわけではないので、編集ができないという現象が発生しています。この機能は状況によっては便利ですが、一方で購入品データの一部の部品を追加工したり、製作品に置き換えたりするなどの対応ができなくなります。

この対策は主に2つです。1つ目は「今開いているアセンブリファイルのみ編集可能にする」という方法です。ファイルを開いたら、ツリーのアセンブリ名上で「右クリック > リンクを解除」をクリックします。これによりツリー上の緑のアイコンが消え、部品編集が可能になります。

2つ目は「3D Interconnectの機能をオフにする」方法です。システムオプションを開いたら、「インポート > 3D Interconnectを有効にする」のチェックを外します。これにより、他の拡張子の3Dデータを開く際は毎回SOLIDWORKS用に変換されます。

ただし、これらの方法により部品編集が可能になる状態にすると、3D Interconnectのメリットが全て失われることに注意しましょう。

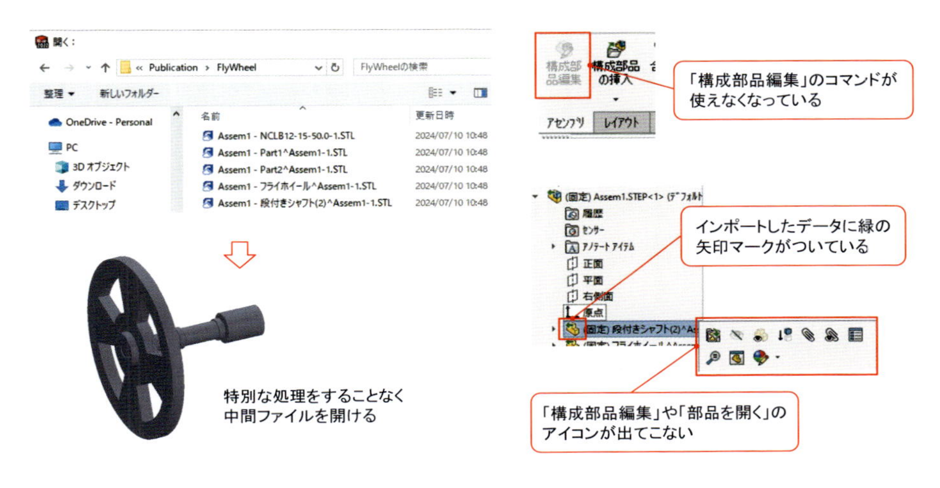

図4.26.1 中間ファイルを開いた際に起こり得る挙動

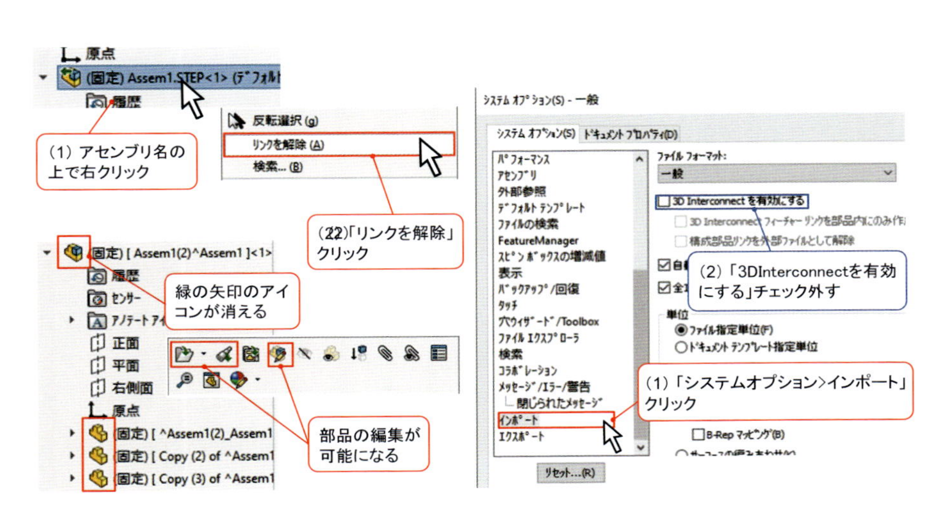

図4.26.2 現在開いているファイルのみ編集可能にする方法

図4.26.3 Interconnectをオフにする方法

4-27 動作が重い時は?(1):PCのスペック・セッティングを見直そう

SOLIDWORKSで作業をしていると、動作が重くなったり、突然アプリケーションが落ちたりすることがあります。その際に見直すべきPCのセッティングについて解説します。

1つ目はPCのスペックを見直してみましょう。これは近い将来PCの購入を検討している方が対象となります。SOLIDWORKSでは特にグラフィックの描画に負荷がかかる傾向があるため、PCを選定するうえで、GPUの性能が重要な要素の一つになります。ただし、性能の高いGPUは値段が非常に高いので、購入の際は公式サイトのベンチマークの資料を参考にしつつ、予算と相談しながら選定してみてください。

メモリについて、公式サイトでは16GB以上が推奨と記載されていますが、16GBしか搭載していないと実際の設計業務では少々厳しいです。設計中はCAD以外にもウェブブラウザを開いて部品メーカの資料を確認したり、PDMなどのCAD支援ソフトを立ち上げていたり、web会議でCADのウィンドウを画面共有してDR（デザインレビュー）したりするからです。個人的には最低でも32GB以上は欲しいと考えています。

2つ目は**Windowsの電源オプション**を見直してみましょう。Windowsには消費電力を抑えるモードや、PCの処理能力を高めるモードなど複数の電源オプションがあります。WIndows10の場合は「コントロールパネル > 電源オプション」を開き、「電源プランの選択またはカスタマイズ」のところを見ます。デフォルトでは「バランス」に設定されていると思いますが、これを「高パフォーマンス」に設定することでSOLIDWORKSの動作が軽くなる可能性があります。ただしこのモードにすると消費電力が上がりますので、ノートPCでバッテリーからの給電でCADを操作している方は、バッテリーの減りが早くなることに注意してください。

GPU	HD 1000パス	HD 100パス デノイザーあり	4K 100パス デノイザーあり	HDターンテーブル10秒 デノイザー（50パス）付き
RTX6000	1:22	0:09	0:34	10:41
RTX5000	1:47	0:13	0:46	13:46
RTX4000	2:11	0:15	0:56	16:00
P6000	2:29	0:17	1:04	17:54
P5000	3:54	0:30	1:36	25:29:00
P4000	4:06	0:27	1:49	28:25:00

https://www.solidworks.com/ja/support/hardware-benchmarksより一部抜粋

図4.27.1　NVIDIA GPUの全体レンダリングパフォーマンス

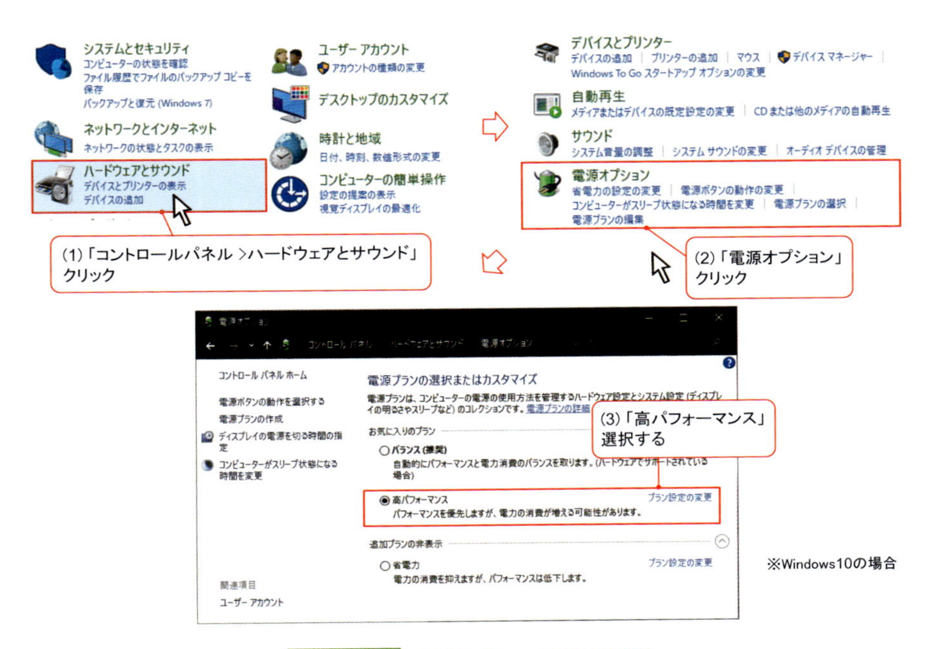

図4.27.2　電源プランの設定手順

4-28 動作が重い時は?(2):SOLIDWORKSのセッティングを見直そう

続いてはSOLIDWORKS関連のセッティングについて見直していきましょう。1つ目は「グラフィックボードのドライバーをインストールすること」です。もしSOLIDWORKSの公式が認定しているグラフィックボードを使用している場合は、ドライバをインストールすることでCADのパフォーマンスが向上することがあります。まずは自身のPCに搭載されているグラフィックボードの型番を調べます。Windows10の場合は「Windows スタートメニュー > 設定 > システム > ディスプレイの設定 > ディスプレイの詳細設定 > アダプターのプロパティの表示」を開くと確認できます。そこで確認した型番をドライバのダウンロードページで探してインストールしましょう。

続いては**SOLIDWORKSの設定**を見直します。設定を見直すことでPCへの負荷を軽減でき、パフォーマンスが向上します。設定変更の作業に入る前に、いつでも元の状態に戻せるよう、現在の設定を保存しておくことをおすすめします。

設定画面を開くには「メニューバー > 歯車マーク」をクリックすればOKで

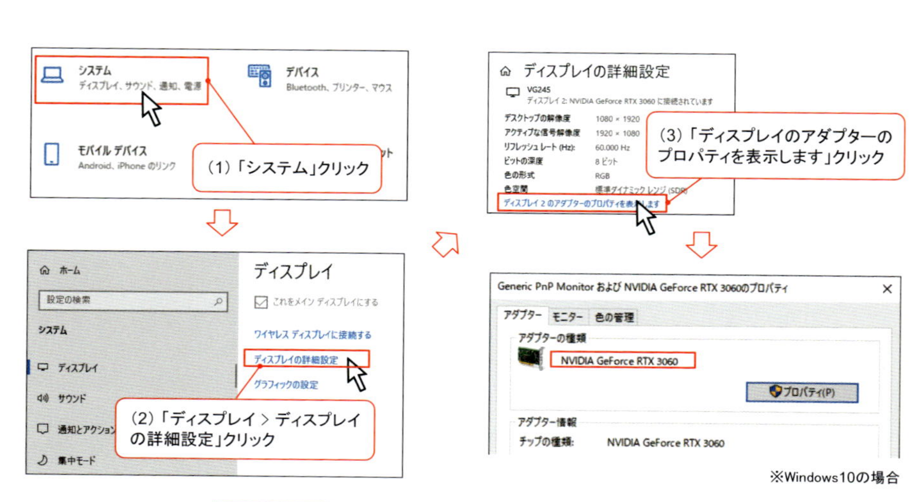

図4.28.1　グラフィックボードの型式確認方法

す。以下に、SOLIDWORKSのパフォーマンスを重視した設定内容を表にまとめましたので、参考にしてみてください。ドキュメントプロパティの設定は、設定を変更しても現在開いているファイルにしか適用されません。もし今後作成するファイルに対しても設定内容を反映させる場合には、テンプレートファイルを作成する必要があります。テンプレートファイルの作成方法については「ドキュメントのテンプレートファイルの作成」（16ページ）を参照してください。

設定変更の内容によっては利便性を損なうものもあります。そのため、全ての設定を本書どおりにするというよりは、ご自身で不便さを感じない程度に設定を変更するとよいでしょう。

表4.28.1　パフォーマンスを重視した設定内容

システム設定 > ディスプレイ	アンチエリアシング > なし	モデル表示の滑らかさが若干失われる
	グラフィック表示基準のダイナミックハイライト > オフ	モデルにマウスカーソルを合わせてもハイライトされなくなる
システム設定 > アセンブリ > 大規模アセンブリ設定	自動回復情報を保存しない > チェック	大規模アセンブリモードの作業において、何らかの理由でSOLIDWORKSが閉じたときのバックアップが自動生成されなくなる
	全ての平面、軸、スケッチ、カーブ、アノテートアイテムなどを非表示 > チェック	大規模アセンブリモードで開いた際に、平面などが表示されなくなる
	シェイディング表示でエッジを表示しない > チェック	大規模アセンブリモードで開いた際に、各部品のエッジ（縁）が表示されなくなる
	パフォーマンスを上げるためにイメージ精度を最適化 > チェック	大規模アセンブリモードで開いた際に、画面描画の品質が下がる
システム設定 > パフォーマンス	ダイナミックビューモードで高度 > チェックを外す	透明度を設定した部品が、透明に表示されづらくなる
	曲率情報の生成 > 必要に応じて生成	部品のロード直後の曲率が粗くなる
	詳細レベル > 可能な限り「低」へ	モデルの視点を移動・回転・拡大などしたときにモデルの一部が消える　※「再構築」を実行すると正確に表示されるようになる
	構成部品をライトウェイトとしてロード > チェック	構成部品を編集する際は、本モードを解除する必要がある
	合致アニメーションの速度 > オフ	合致コマンドを実行した際のアニメーションがなくなる
	スマート合致の感度 > オフ	スマート合致を実行した際のアニメーションがなくなる
	グラフィックパフォーマンスの拡張 > チェック	画面描画のパフォーマンスが向上する
ドキュメントプロパティ > イメージ品質	シェイディングとドラフト精度の隠線なし/隠線表示の解像度 > 可能な限り低へ	シェイディング表示時に円などの曲率表示が粗くなる
	ワイヤフレームと高精度の隠線なし/隠線表示の解像度 > 可能な限り低へ	ワイヤフレーム表示時に円などの曲率表示が粗くなる

4-29 動作が重い時は?(3):モデルの扱い方を見直そう

セッティングを見直してもまだ動作が重いときには、モデルを扱う際に、下記に挙げるような工夫をしてみてください。特にアセンブリファイルの扱い方が、SOLIDWORKSのパフォーマンスに大きく影響していきます。

1つ目はアセンブリファイル内で合致をする際は、**可能な限り部品同士を合致しない**ことです。詳細は「構成部品のフィーチャーを使った合致は極力やらない」(104ページ)を参照してください。

2つ目は、アセンブリファイルを開く目的が単にモデルを閲覧や測定・合致などをするだけであれば**「大規模デザインレビュー」**で開くことです。大規模デザインレビューで開くとモデルの編集作業は基本的にできなくなりますが、その代わりに3D操作のパフォーマンスを向上させられます。まず、「メニューバー > ファイル > 開く」をクリックします。ウィンドウが表示されたら、開きたいアセンブリファイルをクリックし選択状態にします(ダブルクリックはしません)。すると下のほうに「モード」という欄が出てきますので、そこで「大規模デザインレビュー」に切り替えます。「アセンブリ編集」のチェックボックスは、合致や部品挿入の作業をするつもりならチェックを入れておき、「開く」をクリックすればOKです。もし編集したいサブアセンブリや部品があれば、ツリー上で「右クリック > 部品を開く」で編集します。なお、大規模デザインレビューを解除するには「大規模デザインレビュータブ > すべて解除済み」をクリックすればOKです。

3つ目は**「大規模アセンブリモード」や「ライトウェイトモード」を活用する**ことです。これらの機能も大規模デザインレビューほどではないものの、使用できるコマンドや機能が制限される代わりにパフォーマンスが向上します。逆に特定の機能を使う場合は、これらのモードを解除してから行うという手順を踏むことになります。両者の違いについてざっくり説明すると、大規模アセンブリモードは「アセンブリ単位」で、ライトウェイトモードは「構成部品単位」でモードの切り替えができるというイメージです。両者を比べると「大規模アセンブリモード」のほうがパフォーマンスが高くなります。これらのモードでアセンブリを開くには、「メニューバー > ファイル > 開く」をクリックし、モード選択をしてから開きます。アセンブリファイルを開いてからモードを切り替えることもできますが、ファイルサイズが重いアセンブリではアセンブリファイルが開かないことがあるので、「開く」のウィンドウでモード選択するほうがおすすめです。なお、大規模アセンブリの「モデル表示の設定」は「システム設定 > アセンブリ」のタブから実行できます。

4つ目は「**不必要なモデルは非表示にする**」ことです。SOLIDWORKSはモデルの描画に大きな負荷がかかりますが、逆に作業に不必要なモデルを非表示にするとパフォーマンスが向上します。たとえばAモジュールの作業中はBモジュールを非表示にしても問題ないといった具合です。なお、表示/非表示の切り替えをする際は、ある程度フォルダにまとめておくと便利です。詳しくは「効率的にモデリングするコツ（2）：定期的にツリーを整理する」（132ページ）を参照してください。

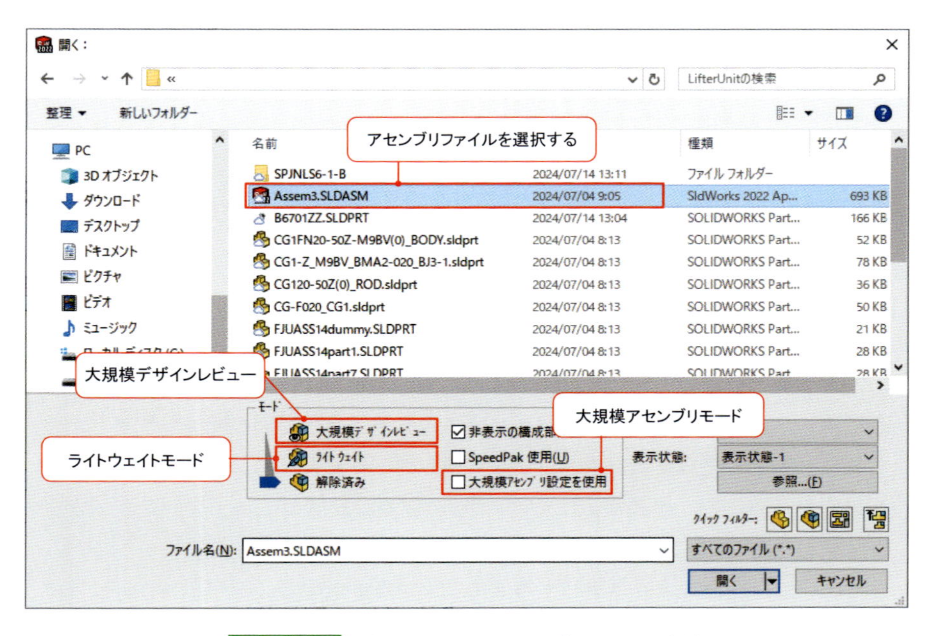

図4.29.1　各モードでアセンブリを開く方法

Column 04

3DCADでも起こる設計ミス

「設計ミスを防ぐ」という観点で考えると、2DCADと比較して3DCADのほうが非常に優れていると数々のメディアなどで述べられており、これについては私も賛同しています。ですが、3DCADを導入したからといって、設計ミスをゼロにすることは現状難しく、やはり多かれ少なかれ設計ミスが発生しているのが現実です。代表的な設計ミスの事例をいくつか紹介します。

1つ目は「浮いている部分の設計ミス」です。たとえば、アセンブリでM6のタップにボルトを挿入するとします。ここで誤ってM8のボルトを挿入してしまった場合には「干渉認識」のコマンドで検知できます。しかし誤ってM5のボルトを挿入してしまった場合には、干渉している訳ではないので干渉認識で検知できません。

2つ目は「強度・剛性の設計ミス」です。3DCAD上ではどんなに剛性が低い部品でも、その部品がたわんだり折れたりすることなく、作成したフィーチャーどおりの形状を保ちます。ですが、現実的には部品がたわんだり折れたりすることがあります。また応力集中や振動・衝撃荷重などにより、部品が早期に破損してしまうこともあります。もちろん解析を使えばある程度の予測を立てることはできます。しかし解析ソフトが必要であったり、解析に関する専門知識が必要だったり、そのための人員やスケジュールを確保しなければならなかったりするため、導入するには費用対効果を十分に検討しなくてはなりません。

3つ目は「組み立て不可の設計ミス」です。3DCAD上では好きな場所に部品を配置したり、表示されている部品を一時的に非表示して別の部品を配置したりすることができてしまいます。ですが、現実は「作業者からは見えない場所にボルト穴があるので、作業がしにくい」「別の部品が邪魔で工具アクセスができない」などの問題が生じることがあります。

こういった特性をよく理解したうえで3DCADを活用し、デザインレビューでしっかり確認してみてください。

事例で見る SOLIDWORKSでの設計手順

SOLIDWORKS

5-1 ボールねじ搬送装置の事例

本章ではボールねじ搬送装置の設計事例を紹介しながら、SOLIDWORKSを使った設計作業の流れや使用するテクニックなどについて説明していきます。

● 装置事例の仕様

今回取りあげるワークについて、ワークは専用の治具に収納された状態で装置にセットされることとします。治具底面には位置決めピンを差し込めるようブッシュが２箇所組み込まれています。治具前面にはポカヨケ用のピンが組み込まれており、ワークセット時に前後逆にセッティングされることを防ぐのに使います。そして治具の前後に取っ手があり、この取っ手を作業員が持って、装置内へ治具ごとセッティングします。

治具がセッティングされた後は、作業員がスタートボタンを押すとワークが水平方向に搬送されるという仕組みです。搬送用のアクチュエータにはACサーボモータを採用し、エンコーダによる位置検知とフィードバック制御によって位置決め制御を行います。またスタートボタンを押した後は作業員の安全確保のためにライトカーテンを有効にし、装置稼働中にライトカーテンを何かが横切った際は即座に設備を停止させます。

なお、本装置のモジュールは「搬送テーブル」「架台」「カバー」の３つから構成されるものとします。

● 装置事例の前提

ここで装置事例を紹介する前提をお話しておきたいと思います。実際の装置設計において、初期段階ではCADは使いません。最初はあくまでも装置仕様の定義と装置のイメージを作ることを目標としているためです。

まずは、設備の取付けスペース、ワークの設置位置・搬送レベル、主要購入品の指定メーカー・型番、タクトタイム、各工程の動作原理、安全対策、ユーティリティなどといった設備の仕様決めと、スケジュール作成を行います（設計請負の場合は、顧客から設備仕様書を受領したうえで、見積作成を行います)。続いて紙やペンを使ったモジュール分けや、エクセルなどを使ったタイミングチャートの作成などの作業に入ります。これらの初期段階の検討が終わり、実際に寸法を入れながら検討を進める必要が出てきてから、CADでのモデリング作業を行っていきます。

本書ではSOLIDWORKSを使ったモデリング事例の解説を主旨に置いているため、初期段階の検討はすでに完了しているものとし、3DCADでのモデリング作業から事例を紹介していきます。また、本事例でもトップダウン設計にて、設計を進めていきます。

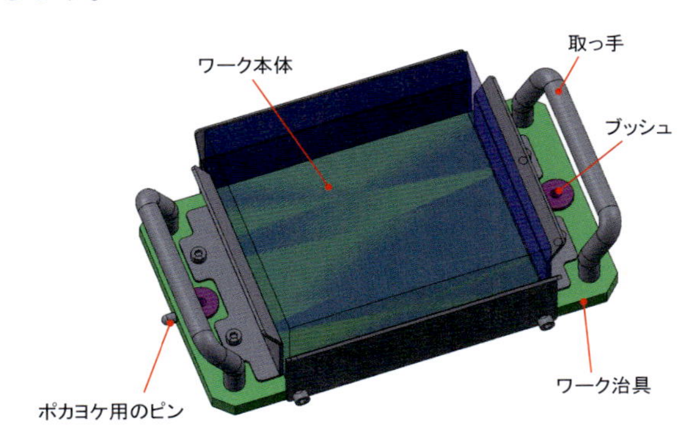

図5.1.1 ワーク・ワーク治具の構造

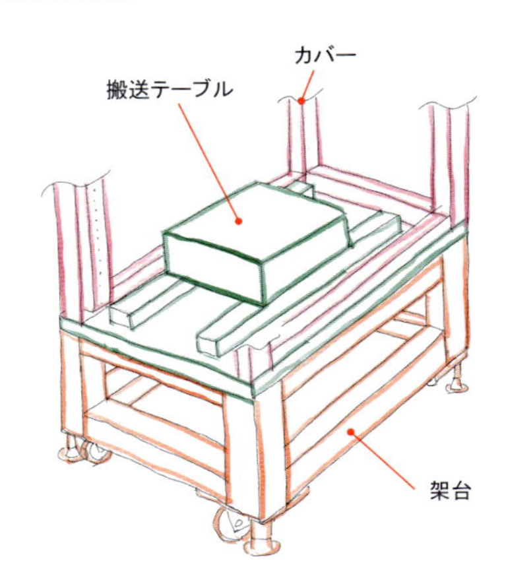

図5.1.2 装置のイメージ

5-2 テンプレートファイル、アセンブリファイルの準備

これから設計をしていきたいところですが、その前に**テンプレートファイルの作成は必ず済ませておきましょう**。この作業をせずにモデリングを進めてしまった場合に、後から変更するのが非常に煩雑になってしまうからです。

テンプレートファイルに反映させる項目は、以下の通りです。

- ドキュメントプロパティの設定（16ページ参照）
- シェイディングのタイプ
- 各表示タイプの表示/非表示
- 基本平面の表示・非表示
- 表示パネルの展開（「表示/非表示・表示スタイル・透明度・外観をマスターしよう」を参照）

これらの内容を「部品ファイル」「アセンブリファイル」それぞれでテンプレートとして作成します。テンプレートファイルの作成方法は「ドキュメントのテンプレートファイルの作成」（16ページ）を参考にしてください。

● アセンブリファイルの作成

3Dでのモデリングをするにあたり、最初に「アセンブリファイルの作成」を行っていきます。

まずは装置全体を表示させるための「トップアセンブリファイル」を作成します。続いてアセンブリファイルの中で「アセンブリタブ > 構成部品の挿入の▼ > 新規アセンブリ」をクリックしてアセンブリファイルを作成する作業を、「搬送テーブル」「架台」「カバー」の3つのモジュール分だけ行います。この時点では各アセンブリファイルの中身は空でかまいませんし、トップアセンブリと各サブアセンブリの座標関係も気にしなくてOKです。

ここで作成するサブアセンブリファイルについて、本書ではいったん内部アセ

ンブリ（トップアセンブリファイルの中にサブアセンブリファイルがある状態）としています。ただし、部品点数が増えて作業がしづらくなったら、外部ファイルとして保存し、各サブアセンブリ内でトップダウン設計をしてもよいでしょう。

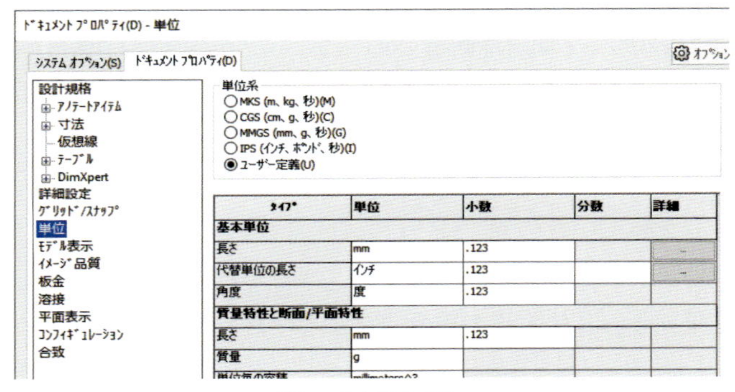

ドキュメントプロパティ

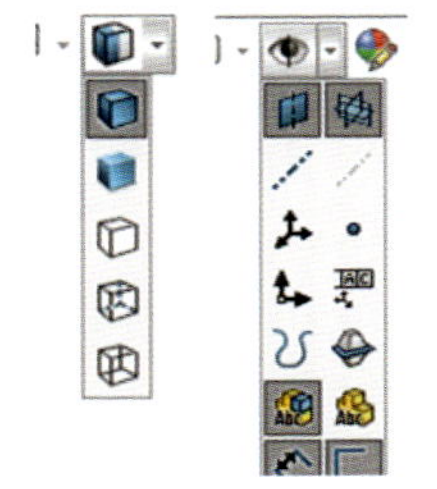

シェーディング・表示タイプ

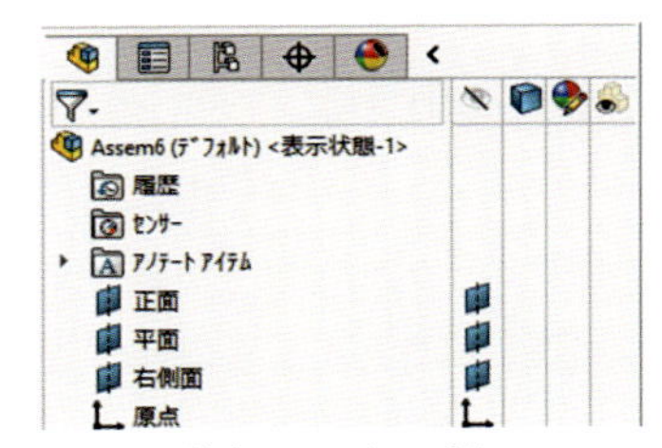

基本平面・表示パネル

図5.2.1　テンプレートファイルに反映するとよい内容

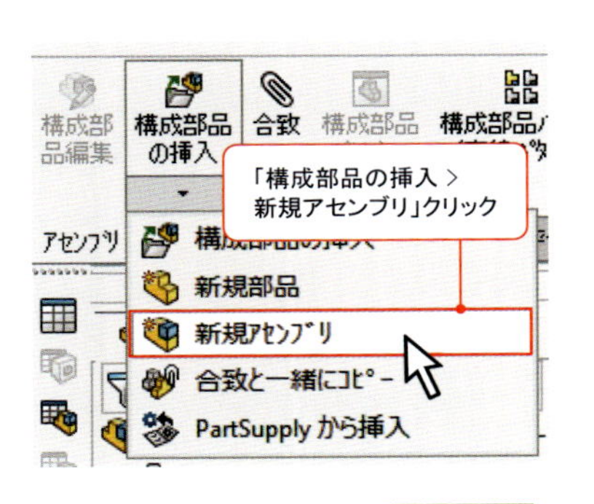

図5.2.2　アセンブリファイルの作成

5-3 装置設計は「ワークに近い箇所から」が基本

トップダウン設計で装置設計を進める場合、「ワークに近い箇所から進める」のが基本です。本事例の場合では、ワークおよびワーク治具は搬送テーブル上にセットされるという想定なので、「搬送テーブル」のモジュールから作業を進めていきます。さらにいうと、搬送テーブルのモジュール中でも、ワークの設置部からモデリングをしていきます。

ワークに近い箇所から設計をする理由は、ほとんど場合「**ワークに近いところ＝その装置・モジュールにとって重要なところ・設計自由度が少ないところ**」であるからです。装置の仕様書の中ではよく「ワークの設置位置や向き」「搬送のストローク」「ワークの重量」など、特にワーク関連で多くの仕様が決められており、これらは必ず設計に盛り込まなくてはならない内容です。またこれらの内容をさらに深掘りすると、「仕様書の条件を満たすためには、搬送の動作部に使うべきアクチュエータやその機構にはどのような候補があるか」などのように、周辺の機構などの設計条件が絞り込まれていきます。このように装置設計はワークに近い箇所を起点に、深堀りや逆算を繰り返しながら進めていくことで、手戻りの少ない設計業務を遂行できます。

逆に望ましくないのは、**架台から設計するといったような「組み立てる順番で設計する」というやり方**です。アセンブリは日本語に訳すと「組立」ですので「装置を組み立てるような流れで進めるものだ」と思うかたもいらっしゃるかもしれません。ですが、架台そのものの仕様が厳格に定められているケースは非常に少なく、そのうえ、仮に設計の優先度を下げたとしても形状の工夫次第でたいていは対処可能です。それどころか、架台などから先に検討を進めてしまうと、設計上の制約が多くなりがちなワーク付近の部品設計で非常に苦労することになり、結局また架台から設計し直すなどの手戻りが発生する可能性が高くなります。

ただ実際には「搬送テーブルを100％終わらせてから、その他のモジュールの設計を進める」といった進め方はせず、「搬送テーブルの設計を30％ぐらい進めたら他のモジュールを検討して……」といった具合にいったん進め、「一通り設計が進んだらまた搬送テーブルのモジュールに戻って設計を進め、少し進んだら他のモジュールも少し進めて……」といったように、各モジュールの設計をちょっとずつ進めていくのがおすすめです。

図5.3.1 装置設計を進める順番

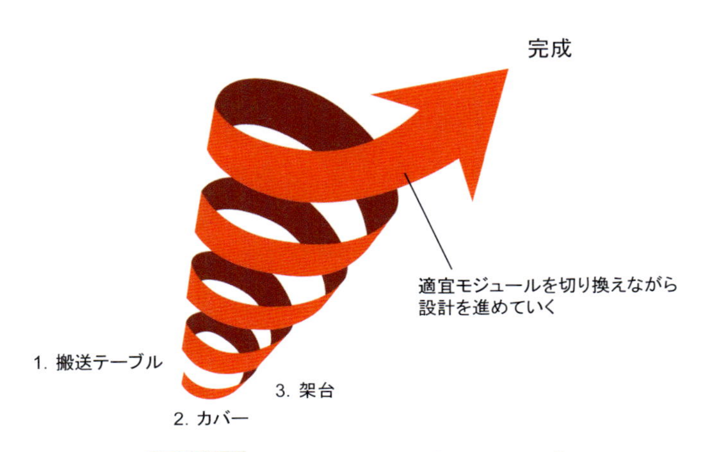

図5.3.2 構想設計の進め方のイメージ

5-4 搬送テーブルの設計（1）：動作部の設計

では、搬送テーブルから設計を進めます。搬送テーブルは後ほど動作部の動作範囲を合致のコンフィギュレーションで表現したいので「固定部」「動作部」という名前でさらにアセンブリを作成しておきます。「動作部」の中にワークの部品ファイルを挿入しておきます。このとき、動作部のアセンブリはワークを基準にしたいので、動作部の基本平面とワークの基本平面とが合うように配置をします。

続いて「ワークに近い部分」つまり「位置決めピン」などのモデリングをしていきます。今回の位置決めピンは製作品を想定しているので、「動作部」のアセンブリの中に部品を作成します。このとき、ツリーで「動作部」のアセンブリを選択した状態で「新規部品」のコマンドをクリックすると、「動作部」のアセンブリの中に部品が配置されます。その後「構成部品の編集」のコマンドを使って位置決めピンのモデルを作成します。

なお、位置決めピンのモデリングにおいて、ワークが表示されているモデルのせいで作業しにくいようでしたら、ツリーの位置決めピン上で「右クリック > 隔離」をクリックすると、その部品以外が非表示になり、作業がしやすくなります。

● 設計思想の解説

ワークをセッティングする部分の設計について、ワークは搬送テーブルから若干浮かせる構造にしておきます。このようにする理由は2つあります。

1つ目は「製造コストを下げるため」です。設備設計では多くの場合、ワークと接触する部品は「硬い材質」か「焼入れなどで硬くしたもの」を採用します。一般的な材料を（SS400など）を使ってしまうと、装置を何万回と稼働させてワークと接触させていくうちに摩耗が進行し、装置が適切に稼働できなくなってしまうからです。ところが、このような硬い部品は一般的な材料と比較して製造コストが高くなります。そのため、搬送テーブルへの直置き構造ではなく、位置決めピン上にセッティングする構造にすることで、製造コストがかかる範囲が狭くなり、製造コストを下げられるのです。

2つ目は「ワーク浮き上がりのリスクを低減できるから」です。もし搬送テーブルへの直置き構造にしてしまうと、ワークの積載面が広くなってしまいます。すると、仮に搬送テーブルとの間に異物が噛み込んだ際にワークが浮き上がる可能性が高くなります。ワークが浮き上がってしまうと、その後の工程で機械がワークに対して適切な機能を果たせなくなるリスクが生じます。そのため、ワークは積載面の小さい部品で受ける構造にするのがよいのです。

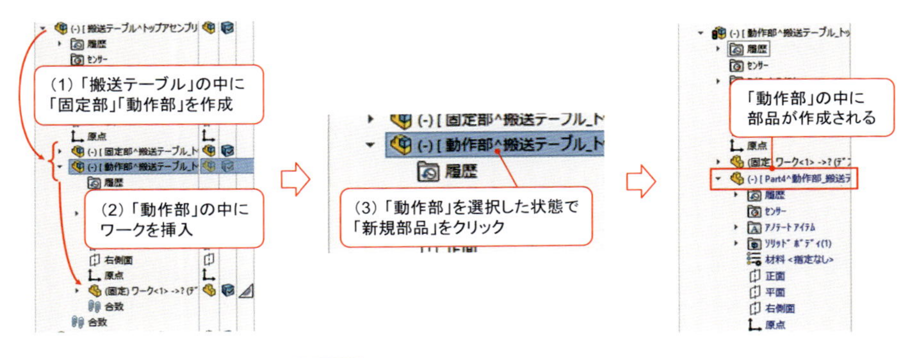

図5.4.1 アセンブリファイルの作成

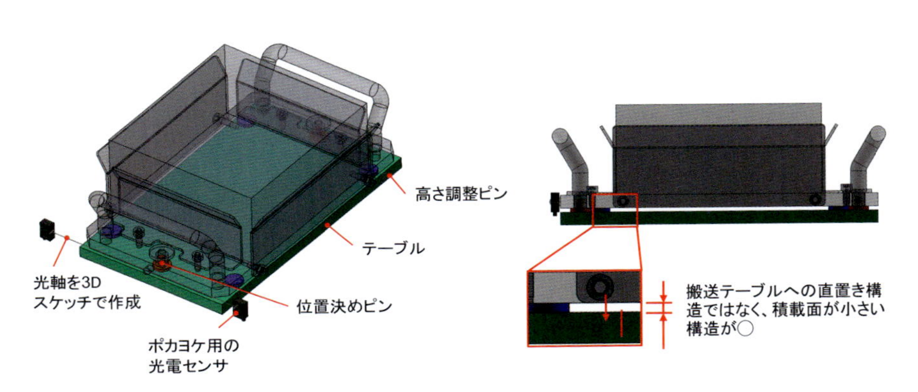

図5.4.2 搬送テーブル（動作部周辺）の構想設計

5-5 搬送テーブルの設計（2）：固定部の設計

● 購入品データの整形

まずは搬送機構に使うアクチュエータやガイドなどのモデルをダウンロードしていきます。今回、アクチュエータはサーボモータが組み込まれた電動シリンダを、ガイドにはリニアガイドを使用します。購入品を使用するので、メーカーのホームページから3DCADデータをダウンロードします。

購入品の3Dモデルは、不必要に構成部品が分かれていたり、逆に全ての部品がマージされていたりして、そのままでは扱いにくいことも多いので、その場合は装置のアセンブリへ挿入する前に購入品データを整えておきます（136ページ）。今回はスライダー以外の構成部品は「固定」に、スライダーはアセンブリの基本平面を使って合致を設定しておきます。**合致したときのスライダーの配置は、特に理由がなければその機構の原点位置にしておく**のがおすすめです（停止位置は後ほど合致のコンフィギュレーションで設定します）。ここまでできたら、装置のアセンブリを開き「固定部」のアセンブリの中へ挿入していきます。

● 固定部の設計の進め方

続いて、固定部のモデリングを進めていきます。まずは「電動シリンダ部」から設計をしていきます。電動シリンダは搬送テーブルの主要部品の中で最も高さのある部品であり、この電動シリンダの配置によってベースプレート〜テーブル間高さがほぼ決まるからです。なお今回の機構では、リニアガイドの軸と動きの規制方向に矛盾が生じないよう、テーブルとの間にカムフォロアとカムプレートを入れてフローティングさせる設計にしておきます。

続いてリニアガイド部を設計していきます。2セットあるリニアガイドについて、基準側のガイドとテーブルとが位置決めできるよう段に当て、もう一方は自由となるよう若干隙間を設けておきます。そして電動シリンダと高さが同じになるよう、リニアガイドの下に高さ調整用のブロックを作成します。次に光電センサのブラケットと光電センサを作成・配置し、最後にベースプレートを作成すれば、搬送テーブルの構想が完成です。

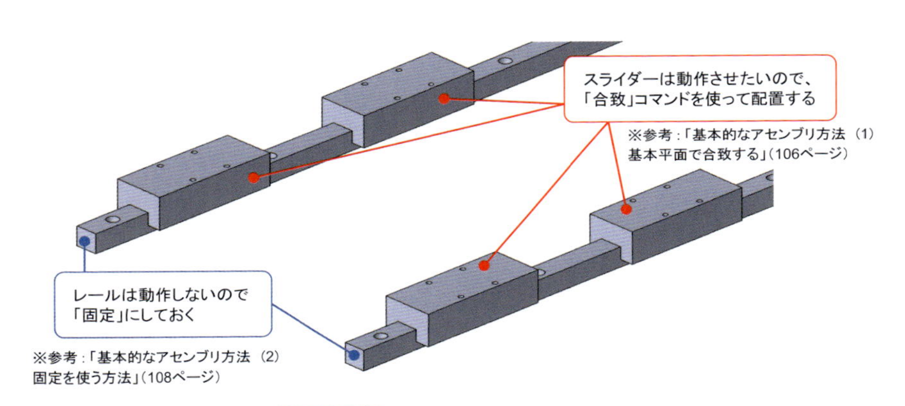

図5.5.1 購入品データの整形例

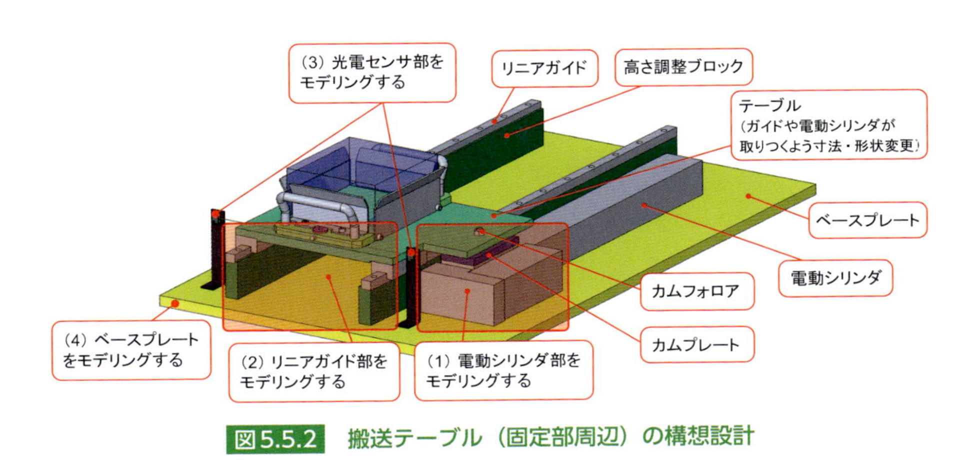

図5.5.2 搬送テーブル（固定部周辺）の構想設計

5-6 搬送テーブルの設計（3）：合致のコンフィギュレーション作成

ここからは可動部の停止位置を作成していきます。まず、合致のコンフィギュレーションの作成が必要なのは、以下の場所です。

（1）搬送テーブルアセンブリに対する動作部のアセンブリ位置
（2）電動シリンダアセンブリに対するスライダ位置
（3）リニアガイドアセンブリに対するスライダ位置（4つ分）

これに加え、搬送テーブルに設定されたコンフィギュレーション一箇所を変更するだけで、すべてのコンフィギュレーションが連動して切り替わるように、以下を追加で設定します。

（4）固定部に対する電動シリンダのコンフィギュレーション
（5）固定部に対するリニアガイドのコンフィギュレーション
（6）搬送テーブルに対する固定部のコンフィギュレーション

この（1)～(6）に対して、それぞれ親側のアセンブリに「デフォルト（原点用)」、「停止位置 L=010」、「停止位置 L=400」の3つのコンフィギュレーションを作成します。

次にコンフィギュレーションを連動させていきます。(1）の搬送テーブルで、コンフィギュレーションを「デフォルト」に切り替えた状態で、(2)～(6）も「デフォルト」に切り替えます。同様に、「停止位置 L=010」、「停止位置 L=400」についても同様に対応させていきます。これで、(1）のコンフィギュレーションを切り替えるだけで、(2)～(6）も連動するようになります。

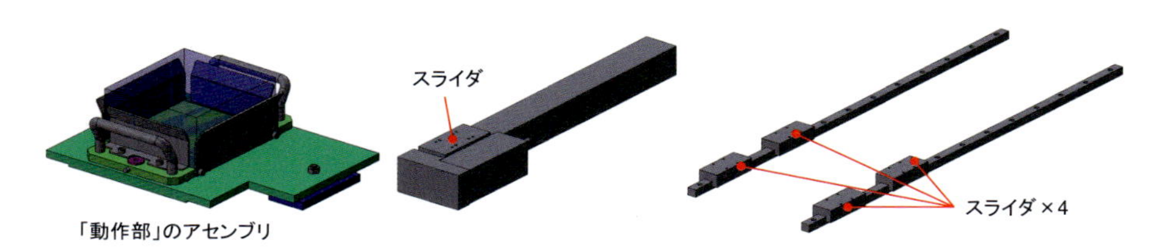

図5.6.1 合致のコンフィギュレーションを設定する部品

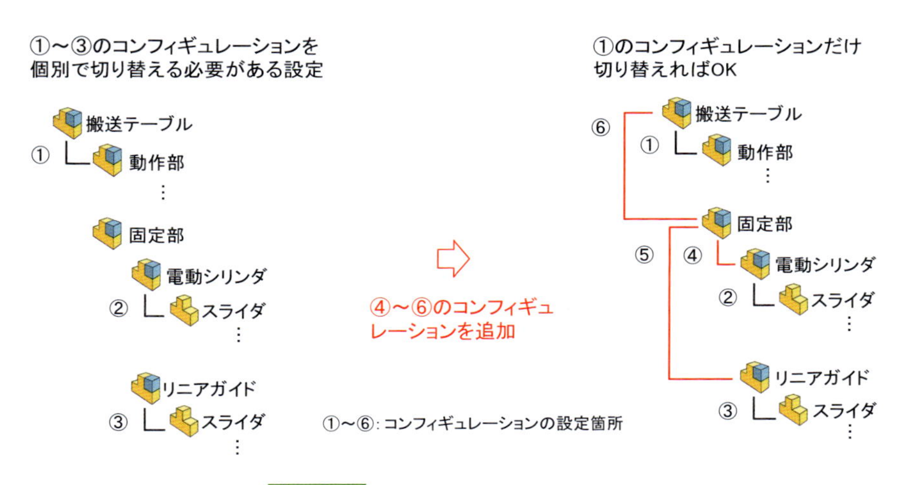

図5.6.2 コンフィギュレーション

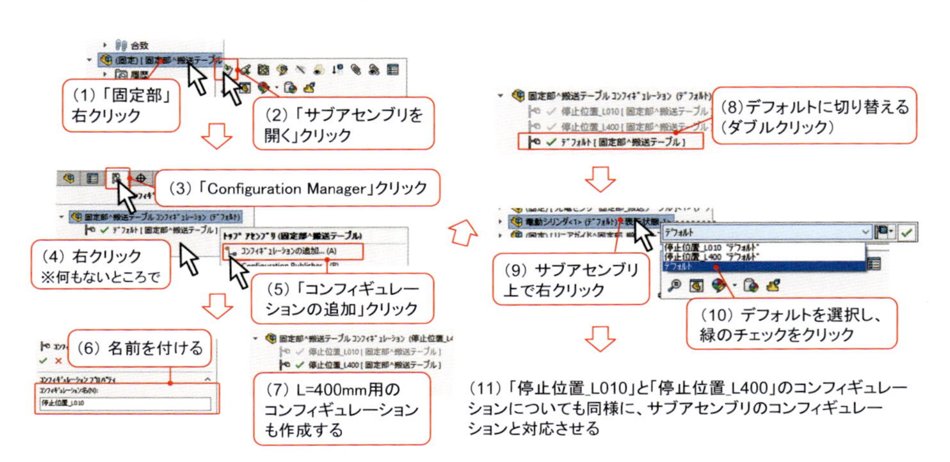

図5.6.3 合致のコンフィギュレーションを設定する部品

5-7 カバーのモデリング

続いてはカバーをモデリングしていきます。まずはカバーの開口部から設計をしていきます。開口部は作業員によるワークの出し入れ作業に関わることから、人間の肩幅以上になるような幅（500mm）を目安に設計をします。この時点で搬送テーブルのベースプレートの幅が小さければ、モデルを修正しておきます。さらに作業性を考慮しワーク設置の高さが床から900mmになるようにしつつ、かつ設備の全体高さを1500mmになるようにカバーのフレームを配置していきます。

カバーのフレームは、今回は比較的多くの設備でも採用されているアルミフレームを使って設計していきます。アルミフレームのメーカーは数多く存在していますが、メーカー間の互換性がなかったり、製造現場ごとにメーカーが指定されていたりする場合があるので、設備仕様書などで確認をしながら選定します。

アルミフレームは型番の中で長さを指定する必要があるメーカーもあります。ですが、構想設計段階ではアルミフレームの長さが変更になることが頻繁にありますので、この時点では長さの部分は仮名にしておき、詳細設計の際に正式な長さを入力し直すようにします。アルミフレームは、最初の１本を挿入したらあとはコピー＆ペースト（Ctrl+C > Ctrl+V）をすると２本目以降を効率的に挿入できます。ただしこのままですと、たとえば２本目のアルミフレームの長さを修正すると、それにつられて１本目の長さも変更されてしまいます。このアルミフレーム間の縁を切るには、ツリーのアルミフレーム上で「右クリック > 仮想化」でアルミフレームを内部パーツにしてから、ツリー上で「右クリック > 独立化」をします。縁が切れたモデルは名前に「Copy of」が付いてしまうので、名前変更で皆さんが管理しやすい名前に変更します。

フレームの配置ができたら安全周りの設計をしていきます。今回、開口部にはライトカーテンを設置し、装置稼働中に作業者が進入した際、即座に装置を停止させるようにします。最後に開口部以外の箇所に透明樹脂のパネルを設置します。

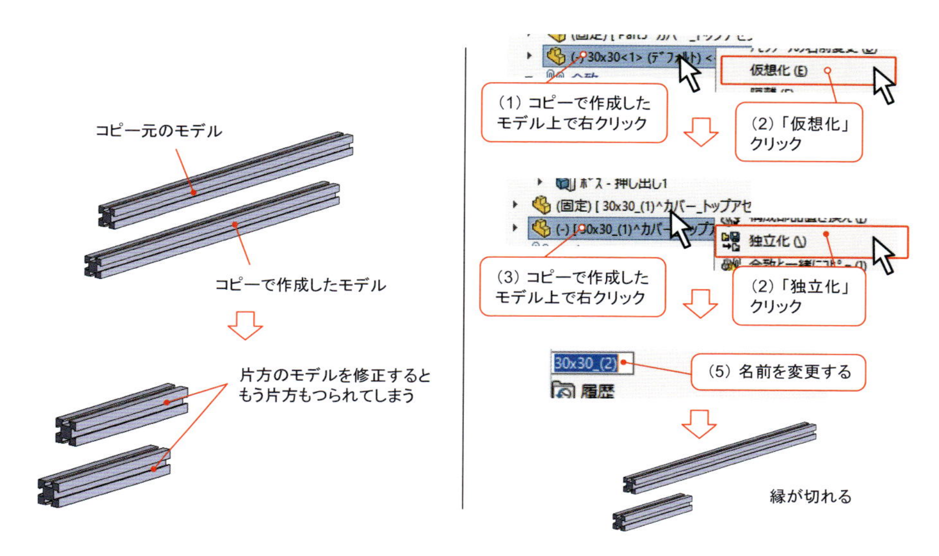

図5.7.1 コピー元・コピーで作成したモデルの縁を切る方法

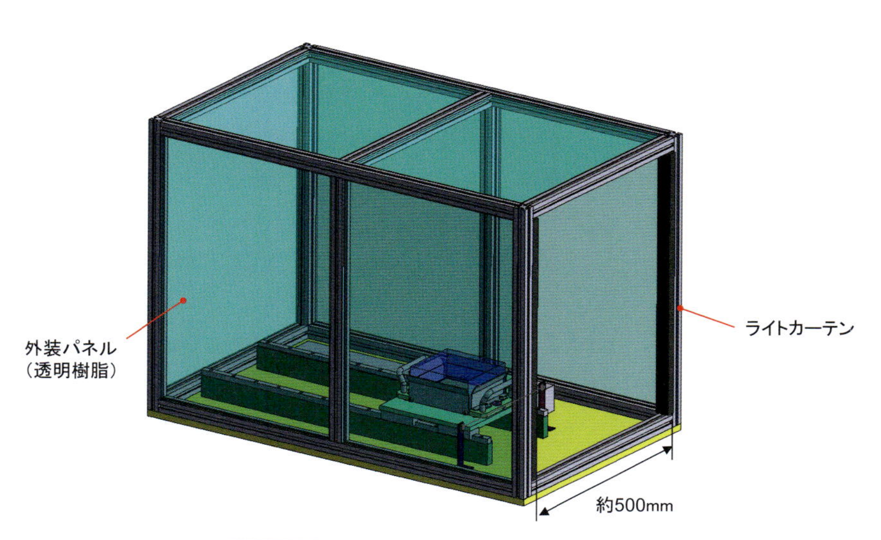

図5.7.2 構成設計段階のカバーモデル

5-8 架台のモデリング

最後に架台をモデリングしていきます。架台もアルミフレームを使って設計をしていきます。ただ架台用のアルミフレームはある程度の荷重を受けられるよう、カバーのアルミフレームよりも太いものを採用することとします。アルミフレームの配置方法についてはカバーと同様のテクニックを使うと効率的です。

また架台の脚部には、以下のような部品を配置していきます。

- キャスター：設備搬入時に運搬がしやすいようにするため
- アジャストパッド・アンカーブラケット：設置後に設備が動かないようにするため

これらの部品は部品メーカーから個別で配置しても悪くはないのですが、せっかく架台フレームにアルミフレームを使用しているので、アルミフレームメーカから選定します。取付穴の位置などがアルミフレームと接続するうえで都合がよくなるよう設計されていますので、その中から選ぶとよいでしょう。

この装置では作業者がワークを出し入れする際の作業性を考慮して、ワーク設置面が床から900mmの高さになるよう設計をしていきます。ですので、アジャストパッドの高さも考慮しつつ、既定の高さになるようアルミフレームの長さを決めていきます。

● 電気・制御機器の配置検討

実際の設計案件では、架台の中に制御盤が収納されるケースも多くあります。その場合、ある程度装置の設計が進んだ時点で電気・制御のメンバーとモデルを共有します。そして、制御盤の取付位置や固定方法などを協議したうえで必要に応じてアルミフレームの本数を増やしたり、架台内に制御盤取付用のプレートを追加したりします。

また仕様書の内容やエンドユーザーとの協議内容にもよりますが、以下のオプションを追加する必要があることもあります。

- 各種電気機器：操作盤、操作スイッチ、非常停止ボタン、表示灯、シグナルタワー、照明等
- 設備外作業用の機器：バーコードリーダー、カメラ、拡大鏡
- 治具類置き場：マスター治具置き場、NG品回収ボックス

追加にあたっては関係者としっかりとコミュニケーションを取っていくようにします。今回の事例では、これらの機器・部品などは省略します。

以上のモデリングが完了し、関係者間で合意がとれたら、構想設計は完了です。

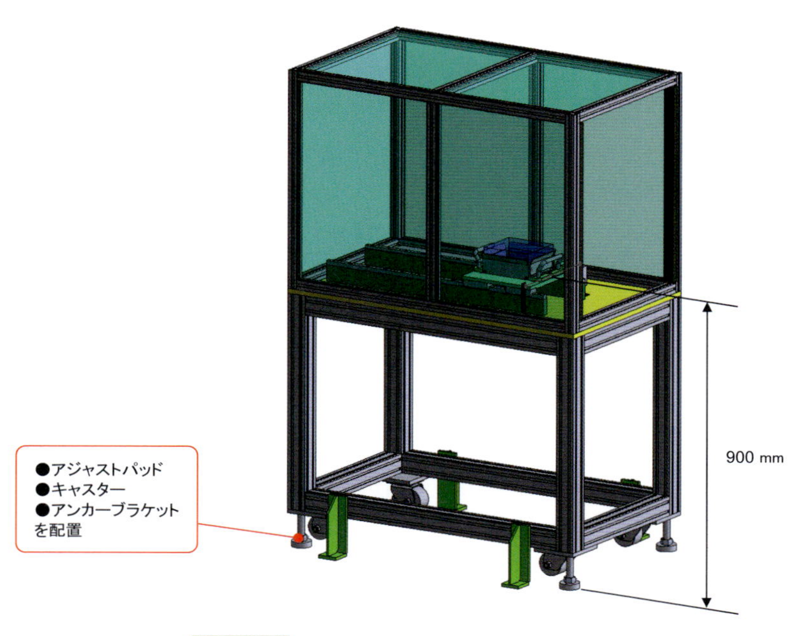

図5.8.1 構想設計完了後の装置モデル

5-9 構想設計以降の作業の流れ

構想設計が終わった後は、続いては詳細設計に移っていきます。今回の事例では、次のような作業が必要です。

- ボルト穴・ピン穴の作成
- ボルト類の挿入
- 面取り、フィレットの作成
- 配線用の抜き穴作成
- 小部品の購入部品の挿入

ボルトを入れる作業をする際には「ボルトを効率的に挿入する方法」を参考にして、一括で挿入するようにしていきましょう。

構想設計のモデルを見て「ほぼ完成しているようなもの」という認識を持つかたもいますが、詳細設計でも検討をしていくべきことがいくつかあります。たとえば、以下のようなことがあげられます。

- 組立や主要部品の修理・交換がしやすいよう、ボルトの挿入箇所や挿入向きを検討する
- 組立誤差などを考慮し、必要な箇所に調整機能（長穴や調整ねじなど）を持たせる
- 組立精度を高め、主要部品のメンテナンス後の組立再現性がしやすくなるよう必要箇所にノックピンやキーを挿入する
- 部品管理がしやすくなるよう、可能な限り部品を統一する

詳細設計は細かいところまでモデルを仕上げていく作業になりますので、私の経験上、工数は構想設計と同等かそれ以上にかかることが多いです。

なお詳細設計段階になると、作業を複数人で分担しやすくなります。今回の事

例では部品点数が少ないですが、実際の設備設計では部品点数が数百～数千点に及ぶことも珍しくないので、各担当者をモジュール別に振り分けるなどして効率よく、かつ確実にモデルを仕上げていきます。その際は、各モジュールのアセンブリを外部ファイルとして保存するとよいでしょう。

3Dモデルが完成したら、各製作部品を外部ファイルとして保存していきます。多くの場合、部品製作をするのに2D図面が必要になりますので、その場合は図面ファイルを作成していきます（通称「バラシ」と言います）。ただし、最近では3Dデータさえあれば部品製作が可能な加工業者やサービスなどが出てきているので、そのような環境があれば積極的に活用していきましょう。

最後に部品表を作成すれば、機械設計のプロジェクトは完了となります。

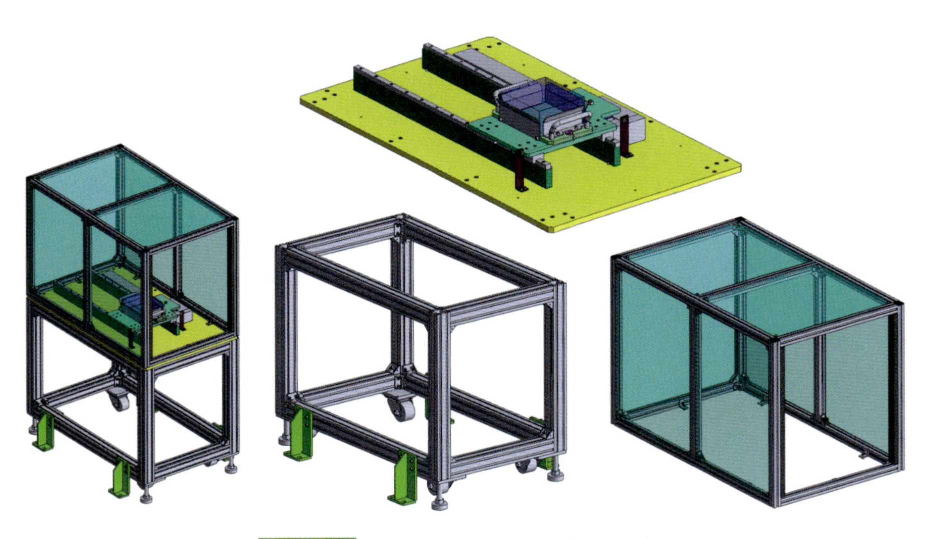

図5.9.1 詳細設計完了後の装置モデル

Column 05 SOLIDWORKSでの設備設計との付き合い方

冒頭に述べたように、SOLIDWORKSは世界規模で見るとユーザーが多いのですが、私の経験上、少なくとも「国内の設備設計」という領域ではSOLIDWORKSの評判はそこまで高くありません。それは、設計対象が生産ライン規模以上になってくると動作が重たくなってしまうからです。生産ライン規模では部品点数が数千点～数万点に及ぶことも珍しくありません。そのためアセンブリファイルを開こうとしても開けず、視点操作をしても画面が固まるなどの問題が起こります。SOLIDWORKSと連携して使用するサードパーティのアプリも一見便利ですが、PCへの負荷がさらに増えるため基本的に動作が重いです。

日本国内の設備設計では「iCAD SX」というノンヒストリー系のCADが高いシェアを獲得しています。iCAD SXの一番の特徴は「操作の軽さ」であり、なんと300万点の部品点数をわずか0.2秒で表示できるとも言われています[11]。

しかしそんなiCAD SXにも、SOLIDWORKSと比較するといくつかデメリットがあります。1つ目は3DCAD全体で見ると世界的にユーザーが少ないことです。これにより、たとえば設計作業のうち難易度が低い設計やバラシ業務で設計単価が低い東南アジアの会社に発注したい場合に、発注先を見つけづらくなります。

2つ目はUIが弱いことです。iCAD SXの画面構成やコマンドは直感的にはわかりにくいものが多いです。また「今ではほぼ使わないが、昔の名残で残っているコマンド」が複数あるなど、特に初心者にはとっつきにくい要素が多くあります。

3つ目は自由曲面の表現に弱いことです。iCAD SXの軽さはあくまで「単純形状」に限った話です。いくらiCAD SXといえど、デザイン性の高い自由曲面を有するモデルでは動作が重かったり、うまく表示できなかったりします。

これらを考慮し、SOLIDWORKSを使うことによるメリットが大きいと判断した場合に本格的に導入してみるとよいでしょう。

● 参考文献

[1]：https://monoist.itmedia.co.jp/mn/articles/2005/22/news004.html

[2]：https://monoist.itmedia.co.jp/mn/articles/2309/11/news011.html

[3]：https://monoist.itmedia.co.jp/mn/articles/2203/09/news033.html

[4]：https://monoist.itmedia.co.jp/mn/articles/1701/17/news054.html

[5]：CAD Package Market Share：Pro Users, CNC Cookbook 2023 Survey (https://www.cnccookbook.com/cnccookbook-2023-cad-survey-market-share-customer-satisfaction/)

[6]：SOLIDWORKS ナレッジベース, https://kb.dsxclient.3ds.com/mashup-ui/page/resultqa?from=search%3fq%3dS-06266&id=QA00000117302e&q=S-06266

[7]：SOLIDWORKSヘルプ, https://help.solidworks.com/2023/Japanese/SolidWorks/sldworks/t_techniques_fixing_mate_problems.html

[8]：https://jp.meviy.misumi-ec.com/info/ja/blog/3d-cad2/28520/

[9]：https://jp.meviy.misumi-ec.com/info/ja/blog/3d-cad2/27834/

[10]：My SolidWorks, https://my.solidworks.com/reader/wpblogstech/2023%252F01%252Fhow-to-open-large-assemblies-even-faster.html/how-to-open-large-assemblies-even-faster

[11]：iCAD株式会社, https://www.icad.jp/recruit/product/

索 引

〈著者紹介〉

楠　拓朗（くすのき・たくろう / りびぃ）

1990年生まれ
2015年に大手生産設備メーカに機械設計職として就職。その後も複数社にて機械設計職として業務している現役エンジニア。
2019年、技術ブログ「ものづくりのススメ」を設立する。最高月間42万PV。現在、YouTube・SNS・大手メディア・企業の技術コラムなどでFA業界の技術に関する情報を発信中。企業の製品・サービス開発のコンサルティングも担当している。

◆「ものづくりのススメ」
https://rivi-manufacturing.com/

◆「りびぃ【ものづくりのススメ チャンネル】」
(YouTube)

◆ X

これで差がつく
SOLIDWORKSモデリング実践テクニック

NDC501.8

2024年11月29日　初版1刷発行

定価はカバーに表示されております。

発行者　井　水　治　博
発行所　日刊工業新聞社

〒103-8548　東京都中央区日本橋小網町14-1
電話　書籍編集部　03-5644-7490
　　　販売・管理部　03-5644-7403
　　　FAX　03-5644-7400
振替口座　00190-2-186076
URL　https://pub.nikkan.co.jp/
e-mail　info_shuppan@nikkan.tech

印刷・製本　新日本印刷

落丁・乱丁本はお取り替えいたします。　2024　Printed in Japan
ISBN 978-4-526-08357-0　C3053